灌区水土资源均衡配置与健康评价

理论与实践

杨贵羽　彭致功　王　浩　田军仓等　著

科学出版社

北　京

内 容 简 介

灌区是生态系统的有机构成，本书以系统的思维，聚焦灌区生态系统水循环及其伴生的生态环境过程的健康发展，以灌区水土资源均衡为手段，以水-土-粮食-生态协同发展为目标，在理论方法、技术支撑、实践操作三个层面阐述了保障现代化生态灌区健康发展的理论，提出了灌区水土资源均衡配置与生态健康发展评价理论方法和现代化生态灌区健康监测与决策反馈模式，并以宁夏引黄灌区贺兰县灌区为对象，进行了理论应用，相关成果可为现代化灌区健康发展提供借鉴。

本书可供水利、农业、生态等学科领域科研工作者、管理工作者以及相关专业的师生参考。

图书在版编目(CIP)数据

灌区水土资源均衡配置与健康评价：理论与实践 / 杨贵羽等著. —北京：科学出版社，2024. 6

ISBN 978-7-03-077735-5

Ⅰ. ①灌… Ⅱ. ①杨… Ⅲ. ①灌区-水资源管理-资源配置-研究-宁夏 ②灌区-土地资源-资源配置-研究-宁夏 Ⅳ. ①TV213. 4②F323. 211

中国国家版本馆 CIP 数据核字（2023）第 252602 号

责任编辑：王　倩 / 责任校对：樊雅琼

责任印制：徐晓晨 / 封面设计：无极书装

科学出版社出版

北京东黄城根北街 16 号

邮政编码：100717

http://www.sciencep.com

北京建宏印刷有限公司印刷

科学出版社发行　各地新华书店经销

*

2024 年 6 月第　一　版　开本：787×1092　1/16

2025 年 1 月第二次印刷　印张：11 1/4

字数：273 000

定价：168. 00 元

（如有印装质量问题，我社负责调换）

前　言

我国幅员辽阔，气候复杂多样，水资源时空分布不均，水土资源错位，灌溉成为保障我国农业发展的重要支撑。灌区作为灌溉农业发展的核心，是流域/区域的重要组成，其良性发展承载着国家粮食安全的重任，在维持社会经济的稳定中发挥着极为重要的作用；同时，其作为山水林田湖草沙生态系统的有机组成，又肩负着区域生态健康发展的重要责任，成为统筹推进“五位一体”总体布局和协调推进“四个全面”战略布局的重要组成。党的十八大提出工业化、信息化、城镇化、农业现代化“四化”同步发展战略，灌区现代化又承载着农业现代化的使命。

然而，尽管随着生态文明建设的推进，山水林田湖草沙生态系统治理逐渐得到重视和发展，但是目前研究更多地集中于整个生态系统、城市生态和河湖等环节的生态及环境健康方面，对于作为“自然-人工”相互作用最为频繁的农田生态系统领域，系统研究仍显不足，相应的论著较为少见。同时，我国水土资源禀赋差，在气候变化与高强度人类活动下，农田生态系统面临着水循环伴生的土壤退化、沙化等诸多问题。灌区作为农田生态系统最为复杂的部分更是面临着日益严重的水土资源开发不合理，资源短缺与浪费并存，以及生态退化和环境污染等问题，迫切需要立足生态大系统的思路，对灌区水土资源合理开发进行宏观规划与实践管理。

基于以上背景，本书在宁夏回族自治区“十三五”重大科技项目“宁夏现代化生态灌区关键技术集成研究与示范”课题5“基于大数据云计算的现代化生态灌区水土资源优化配置和监测评价”的支持下，以灌区为研究对象，聚焦灌区生态系统水循环及其伴生的生态环境全过程的健康发展，基于对现代化生态灌区健康内涵的认识，在水-土-粮食-生态协同发展的水土资源空间均衡配置方法和评价理论，以及灌区建设、运行中技术支撑和监测反馈实践管理两方面开展灌区水土资源均衡配置方法和现代化生态灌区健康评价理论研究，并以宁夏引黄灌区典型区域为对象，通过健康评价与水循环及生态环境健康发展约束下水土资源合理配置间的相互反馈，从宏观控制理论—中观技术支撑—底层实践操作层面提出全链条保障现代化生态灌区建设和运行的控制方向。相关成果可为灌区健康发展提供借鉴。本书创新性地提出合理地下水位约束下的地表水、地下水联合配置方法，通过灌区周年水土资源调控，促进灌区水土资源“空间”均衡发展，保障水-土-粮食-生态协同发展下的地下水“双总量”控制和“真实”用水总量——耗水总量约束管理，从根本上提高灌区水资源利用效率，为区域生态文明建设起到添砖加瓦的作用。

全书分9章：第1章介绍我国灌区发展概况，在全面分析我国灌溉农业发展状况及存在问题的基础上，提出开展现代化生态灌区建设的必要性和现代化生态灌区建设理论框架。第2、3章从宏观基础理论层面，首先基于灌区建设发展中与水土资源和生态环境的作用关系，诠释现代化生态灌区的内涵，提出现代化生态灌区的概念；其次基于水-土-粮食-生态协同发展，提出水土资源均衡配置和评价理论方法，支撑现代化生态灌区生态健康发展的预判。第4章从中观技术支撑层面，围绕现代化生态灌区健康评价指标的感知和分析，设计监测网络模式和决策支持系统框架，为宏观决策层的实时调整提供支撑。第5～8章从实践响应层面，以宁夏青铜峡引黄灌区典型区——贺兰县灌区为对象，开展了理论层面的实践应用，为未来灌区的节水与生态化建设提供支撑。第9章总结本书研究的主要结论，针对性地提出需要深入研究的相关建议。

本书撰写分工如下：第1、2章由杨贵羽、王浩、谭亚男、韩春苗、田军仓撰写；第3章由杨贵羽、彭致功、张倩、李烁阳、杜捷、杨朝晖撰写；第4章由刘杨、杨朝晖、韩春苗撰写；第5章由杨贵羽、李烁阳、田军仓、谭亚男撰写；第6章由杨贵羽、李烁阳、常翠、杜捷撰写；第7章由彭致功、张倩、韩春苗、杨贵羽撰写；第8章由刘杨、李烁阳撰写；第9章由杨贵羽、彭致功撰写。全书由杨贵羽、王浩、田军仓统稿。本书成稿基于课题研究内容。项目组的大力支持，课题组成员的团结协作，为本书的完成打下了坚实的基础，在此表示衷心感谢。

灌区涉及水土资源和经济社会系统，是以水循环和土地开发为纽带的水资源系统、生态系统和经济社会系统相互作用最为密切的复杂系统，由于问题的复杂性与前瞻性，且涉及水文水资源、农业、生态以及信息管理等学科，加之作者水平有限，不足之处敬请读者指正。

作　者

2023年2月于北京

目　　录

第 1 章　绪　论

1.1　我国灌溉农业发展状况及存在的问题

1.1.1　灌溉农业发展状况

我国幅员辽阔，气候条件复杂多样，农业生产受水、热等要素时空分布的影响较大。水是农业生产核心的控制因素，由于全国水资源丰枯变化大、区域分布不均，水土资源错位分布，加上自然来水与农作物生长季不相匹配，加剧了农业生产对水的依赖；人多地少水缺的资源禀赋特征又加剧了农业发展对水的需求。在供需时空严重不平衡的自然条件下，灌溉农业的出现有效改善了不利的自然禀赋。为促进粮食生产，保障社会安全，政府始终重视灌溉农业。在全球气候变化影响日益突出、世界经济复苏脆弱的新情势下，保障国家粮食安全、生态安全和水安全成为当今时代必须面对的新问题。灌溉农业集三者于一身，国家对灌溉农业的发展更加重视。2021 年 12 月 8 日，习近平总书记在中央经济工作会议上的讲话中强调“中国人的饭碗任何时候都要牢牢端在自己手中”。灌区，特别是大中型灌区，作为我国重要的农业规模化生产基地和商品粮、棉、油的主力军，是保障国家粮食安全的重要基础，同时在农业经济发展、乡村振兴中发挥着重要的基础设施作用，在推进水资源节约集约利用、改善生态环境、涵养水源、减轻风沙威胁等方面均具有极为重要的作用，因而灌区的健康发展历来受到重视。

纵观历史，从大禹治水以来，我国农田水利事业已历经 4000 多年的发展历程，因地制宜地创造了多种形式的农田水利工程，巧妙和高超的灌溉技术有效支撑了中华文明的延续。据《周礼》等相关历史文献记载：公元前 2000 年左右，大禹治水发明了沟洫，沟洫又按照功能不同和所控制灌溉面积的大小分为浍、洫、沟、遂、畎、列，各级分别起着向农田引水、输水、配水、灌水和排水作用，初步形成了有灌有排的农田灌排体系。公元前 246 年（秦王政元年），韩国水工郑国在今天的陕西省泾阳县主持兴建了西引泾水东注洛水的著名灌溉工程——郑国渠；公元前 95 年（汉武帝太始二年），修建了与郑国渠齐名的白渠；之后在渭水及其支流上，先后形成了蒙茏渠、灵轵渠等灌溉渠系。渭河流域灌溉水利工程对关中经济繁荣发展发挥了极为重要的作用。此后，在治理黄河的泛滥改道过程中，沿黄流域修建了大量的引黄灌溉工程，在其支流湟水、汾河以及黄河中下游发展了大量的灌溉面积，建成了汾河灌区、河套灌区等，有效促进了沿黄地区的农业繁荣，带动了西域发展。沿用至今仍发挥作用的四川都江堰、安徽寿县的安丰塘（古称芍陂）和拒碱蓄淡的福建木兰陂等灌溉工程，也是水资源丰沛的长江流域灌区发展的历史见证。

中华人民共和国成立以来，在粮食刚性需求增长的驱动下，我国灌溉农业先后经过农田水利基础建设、节水技术的推广应用等发展，不断克服水土资源竞争日益严峻的情势，创造了以占世界不足10%的耕地和6%的可再生水资源，养活了占世界22%的人口的佳绩。灌区作为灌溉农业的主力军，更是功不可没。其间，我国灌区发展先后经历了四个阶段：① 中华人民共和国成立初期至改革开放前（1949～1978年），以抵御自然水旱灾害为主的灌区规模快速发展期；② 适应改革开放政策（1978～1998年），以满足粮食和农产品多样性需求为主的灌区规模缓慢增长期；③ 节水灌溉面积发展阶段（1999～2015年），以响应节水灌溉政策为目标，开展节水为重点的灌区水资源高效利用发展期；④ 2015年以来，为响应生态文明建设，灌区进入了节水生态化发展期。随着灌区数量和质量的不断发展，我国粮食安全得到了有效保障。

根据《中国水利统计年鉴2021年》资料分析（图1-1和图1-2）[①]，我国万亩以上灌区数量由1978年的5249处增加到2020年的7713处，相应耕地有效灌溉面积达到5.046亿亩[②]，占全国耕地有效灌溉面积的48.6%。其中，大型灌区（30万亩以上规模）由1978年的148处增加到2020年的468处，有效灌溉面积增加到2.70亿亩，约占全国耕地面积的14.1%。中型灌区（1万～30万亩）由1978年的5101处增加到2020年的7245处，有效灌溉面积增长到2.346亿亩，约占全国耕地面积的12.2%。同时，国家先后在“十二五”“十三五”时期持续加大大中型灌区续建配套与节水改造投入，灌区节水灌溉面积得到发展，灌溉水利用效率持续提高，有效遏制了灌溉效益衰减的局面，提升了农业综合生产能力。据统计，2020年，灌区病险、“卡脖子”及骨干渠段严重渗漏等突出问题得到基本解决，全国大型灌区灌溉水利用系数提高到0.525，大中型灌区亩均实灌水量平均减少100多立方米，新增节水能力260亿m^3，灌水周期平均缩短3～5天，灌溉水利用效率和效益显著提升。

灌区数量和规模增长及用水效率的提升，有效保障了我国粮食生产和农产品产量。根据历年《中国水利统计年鉴》数据显示，到2020年底，我国耕地有效灌溉面积达到10.37亿亩，占全国耕地面积的54.1%，灌溉耕地上生产的粮食约占全国粮食总产量的75%、经济作物约占全国的90%，其中占全国总耕地面积24.8%的大中型灌区耕地灌溉面积上粮食产量约占全国粮食总产量的50%（韩振中，2021），仅大型灌区耕地灌溉面积

---

① 本书全国数据暂不含港澳台地区。

② 1亩≈666.67m^2。

上粮食产量就占全国粮食总产量的 27%，成为我国粮食生产的主战场。我国灌区粮食平均亩产 570kg，是旱地粮食平均亩产的 2.9 倍；灌溉对我国粮食增产贡献率大致为 56.74%（康绍忠，2020）。灌区在保障粮食安全中发挥着极为重要的作用。

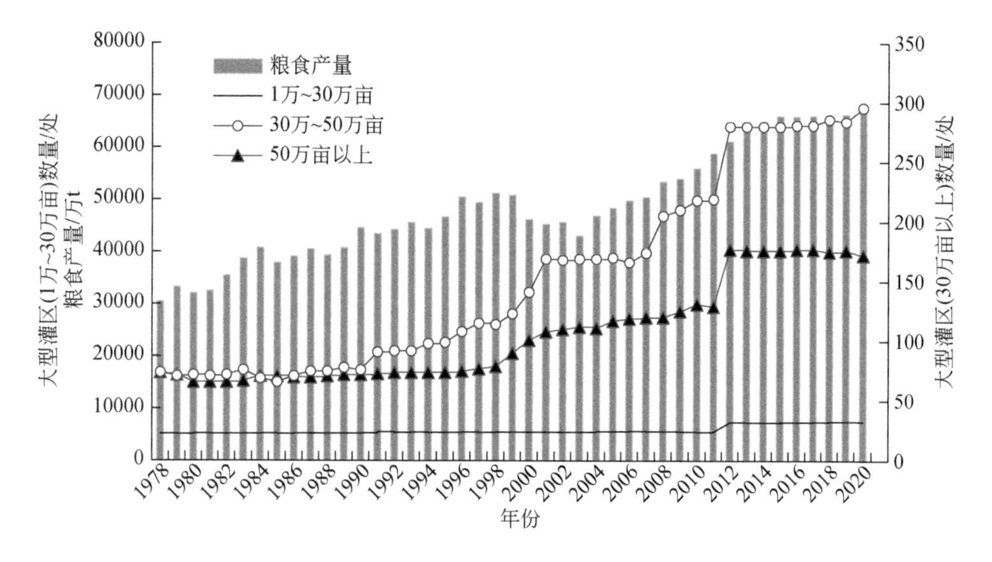

图 1-1　万亩以上灌区数量的变化

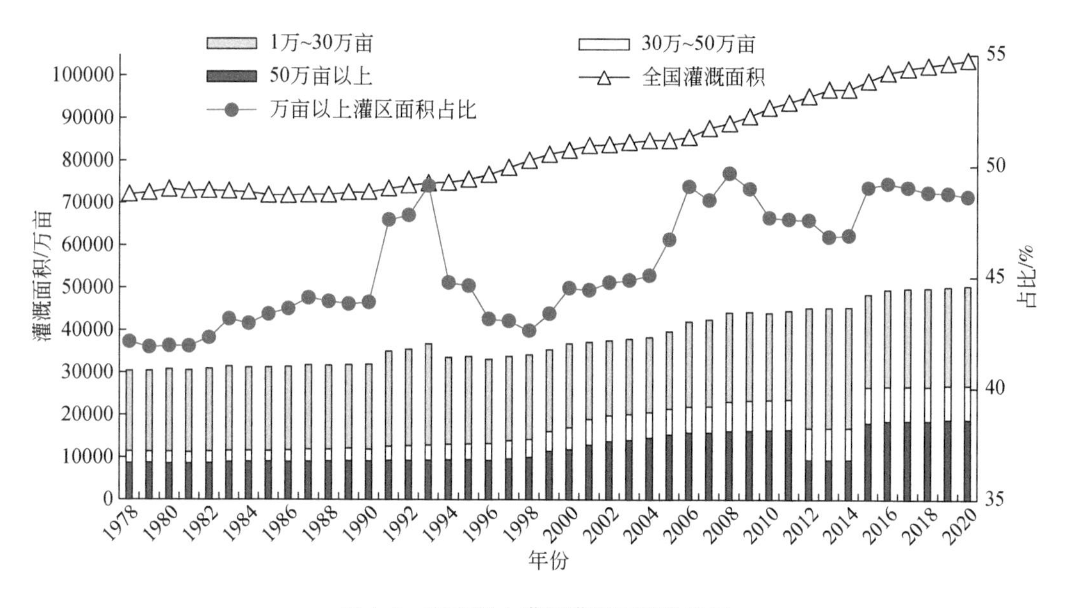

图 1-2　万亩以上灌区灌溉面积的发展

但是，随着耕地向北转移，粮食主产区向常年灌溉区集中，万亩以上的灌区中，近 80% 集中在水资源丰富、土地较为不足的长江区和土地资源丰富、水资源匮乏的华北区、西北区（图 1-3 和图 1-4），水土资源的不均衡性约束越加突出。加上追求高投入高产出的不合理生产方式带来的生态问题，严重威胁着灌区的可持续发展。

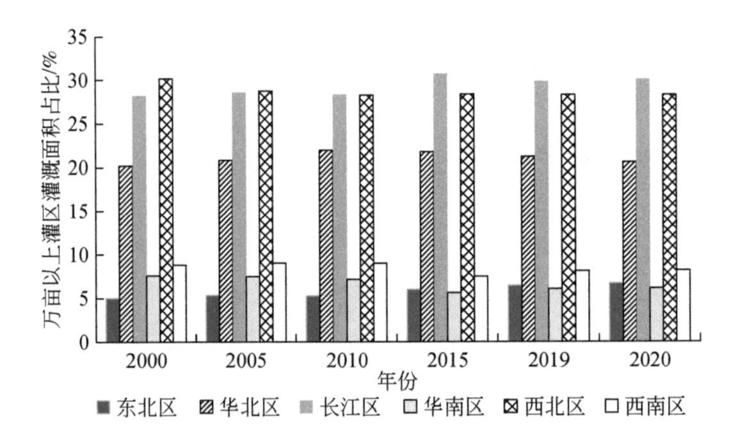

图 1-3　2000～2020 年万亩以上灌区灌溉面积分布状况

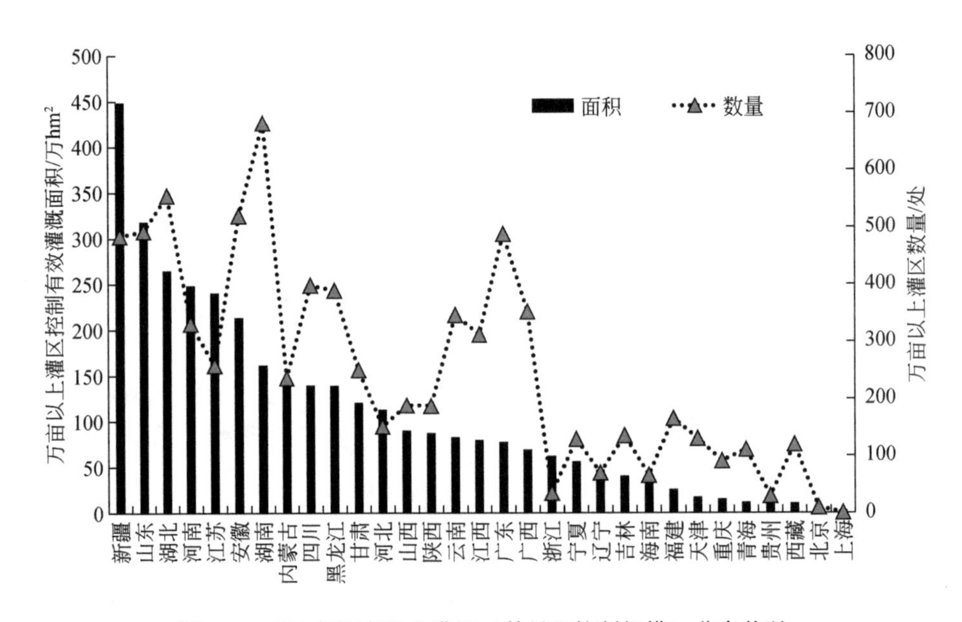

图 1-4　2020 年万亩以上灌区（数量和控制规模）分布状况

1.1.2　灌溉发展面临的挑战

灌溉农业在保障粮食安全和社会稳定中发挥了重要的作用，其中灌区功不可没。但是，人均水资源少、耕地亩均水资源量不足、水土资源匹配错位等是影响我国粮食生产的本底因素。在气候变化和区域快速且不平衡发展过程中，水资源开发利用程度不断加大，区域水资源承载力下降并引发了一系列与水相关的生态环境问题，均波及灌区的生态健康。与此同时，全球气候变化对水资源和农作生长影响的不确定性增加、粮食生产向北方转移，这些不利因素更加明显。加上大中型灌区建设比较早，建设标准低、运行时间久、历史欠账多，尽管经过了多年的节水改造，但灌溉水源工程建成后与此相配套的一系列工程和非工程措施仍存在突出短板，难以适应新的形势。面对我国未来粮食的刚性需求和生态保护与高质量发展，灌溉农业发展面临着诸多问题与挑战，无不与灌区的健康密切相关。集中体现在以下四个方面。

1）我国水资源本底差，安全状况不容乐观，灌溉可用水资源受到约束

我国位于亚欧大陆东部和太平洋的西岸，有着巨大的海陆热力性质差异，从而形成了世界上最为典型的季风气候区。由于水资源人均/亩均占有量少，时空分布不均，以及水土资源错位等先天不足，在现状发展情势下，水资源安全状况更加不容乐观。

根据中国第二次水资源调查评价成果，我国多年平均降水量6.18万亿m^3（1956～2000年）；多年平均水资源为2.8万亿m^3，人均和耕地亩均水资源分别为2200m^3和1440m^3，是世界平均水平的1/4，位列世界第121位，是世界13个人均水资源最贫乏的国家之一。尽管近10多年（2010～2020年）受气候变化的影响，全国水资源量较第二次水资源调查评价略有增加，但变化并不显著，空间上依然呈现为南多北少分布，其中南方占68.5%，北方占31.5%。同时，受地形地貌影响，在南北大格局下，全国降水量总体又呈现由东南向西北递减趋势，而土地资源南北方分布比例分别为35.4%和64.6%，其中西北五省（自治区）（陕西、甘肃、青海、宁夏、新疆）占13.25%（中国统计年鉴2022年数据）。水土资源错位分布加剧了水资源的不安全性（表1-1）。各区域水资源本底差异大，承载力下降，严重制约着区域经济社会的发展。农业作为用水大户，水资源承载力不足对灌溉农业、灌区发展的制约性愈加突出。

表1-1　我国区域水资源安全状况

区域	水资源承载状况	水环境承载状况	水生态安全状况	综合评价
海河区、黄河中下游、淮河中游及沂沭泗河、山东半岛、辽河流域	不安全	较安全	不安全	不安全
河西内陆河、吐哈盆地、天山北麓、塔里木河	较不安全	较安全	一般	较不安全
松花江流域、淮河上游及下游，内蒙古高原及青藏高原内陆河、东北和西北跨界河流	一般	较安全	较安全	一般
长江下游及岷江沱江、嘉陵江、汉江等支流、珠江南北盘江、东江、珠江三角洲及粤西桂南诸河、海南岛、浙东沿海诸河	较安全	较安全	较安全	较安全
长江上中游（除岷沱江、嘉陵江、汉江外）、珠江、西江、北江、东南诸河（除浙东外）、西南诸河	安全	安全	安全	安全

资料来源：郦建强等，2011

根据《中国农业水资源高效利用战略研究：农业高效用水卷》(王浩和汪林，2018)，我国主要粮食生产区——黄淮海地区、松花江流域、长江中下游地区水资源开发利用均趋于上限。其中，农业发展较为集中的黄淮海地区以及山东半岛，由于水资源与经济社会发展匹配关系差，区域水资源开发利用率均在70%以上，生态环境持续恶化，直接影响着农业灌溉的发展。尚有一定水资源承载力的松花江流域、淮河上游和下游地区等适宜农业发展的区域，目前水资源开发利用率也已接近50%；长江流域中下游平原的主要粮食产区，尽管水资源总量相对较高，但也存在水质型缺水问题。由于水资源禀赋差，加上生态环境脆弱，土地资源相对丰富、灌区数量和规模占比较大的西北干旱地区，目前水资源开发利用率也已超过50%，挖掘潜力有限，成为典型的资源型缺水地区。根据全国水资源综合规划成果，全国年缺水总量约为536亿m^3，其中农业缺水约300亿m^3，工程性、资源性、水质性、管理性缺水并存。灌区也将面临类似问题，可供水资源也将受到影响。

2）耕地资源禀赋差，随着城镇化和工业化推进，灌溉可利用土地资源趋紧

我国人多地少，耕地资源有限。受地形地貌影响，山丘比例大，干旱半干旱区与高寒区面积占比大，加之光热水土资源区域分布不均衡，我国有限数量的耕地上又增加了质量的限制。同时，耕地不合理开发与占优补劣等不良行为，进一步加剧了农业发展中土地资源的压力。

根据《中国统计年鉴2021》，截至2019年底，我国耕地面积19.19亿亩，人均占有量仅为1.34亩，不足世界平均水平的42%。耕地质量总体偏低。据《中国1：100万土地资源图》，全国耕地中，无限制的耕地面积仅占耕地总面积的28.92%；按照地理等级划分，全国耕地中优等和高等耕地仅占耕地总面积的32.65%。不合理开发利用造成的耕地质量退化和依然存在的“占补不平衡”加剧了耕地质量的天然不足。相关研究表明，大城市周边建设占用耕地的70%为优质耕地，中小城镇建设用地占用优质耕地达到80%。新增耕地则多分布在边远区域和丘陵山区，集中在降水稀少的干旱半干旱地区，而且多是限制因素较多的劣质低产田。

另外，可开发的耕地后备资源数量少且绝大多数处于生态脆弱的地区，面临水土资源不匹配以及开发潜力受到限制等问题。据国土资源部2016年底公布的后备耕地资源调查评价数据，全国后备耕地资源总面积8029万亩，其中65%零散分布。空间上，主要分布在中西部经济欠发达地区，其中新疆、黑龙江、河南、云南、甘肃5个省（自治区）后备耕地资源面积占到全国近一半，均受水资源和脆弱生态环境因素的影响，在当前的水资源开发格局下，难以合理利用。

面对耕地数量少、质量差且后备耕地资源开发潜力受限，农业可利用土地资源日益趋紧等问题，灌区土地数量保护和质量提升迫切在眉睫。

3）高强度开发利用，水土资源错位加剧，灌区生态环境问题日益凸显

现状灌区主要分布在水资源短缺的北方地区，而且随着耕地向北转移和规模化生产的推进，灌区发展与水资源承载逆向分布，放大了我国水土资源空间错位的不足。

按照灌区分布的主要流域统计，长江流域及长江以南地区，耕地面积占全国总耕地面积的35.4%，拥有全国81.2%的径流性水资源量，耕地亩均水资源量为2800m^3；黄淮海三大流域径流量仅占全国的6.6%，却分布着全国38.4%的耕地，黄河和海河流域耕地亩均水资源占有量仅为260m^{3}和160m^3。全国耕地集中分布于北方地区（图1-5），且以灌区支撑下的七大农业主产区中的五大区域（东北平原、黄淮海平原、汾渭平原、河套灌区以及甘肃新疆）集中分布于水资源较为短缺的400mm等降水量线以北的西北、东北以及华北地区。水土资源的不匹配性增加，加大了农业对灌溉的依赖。

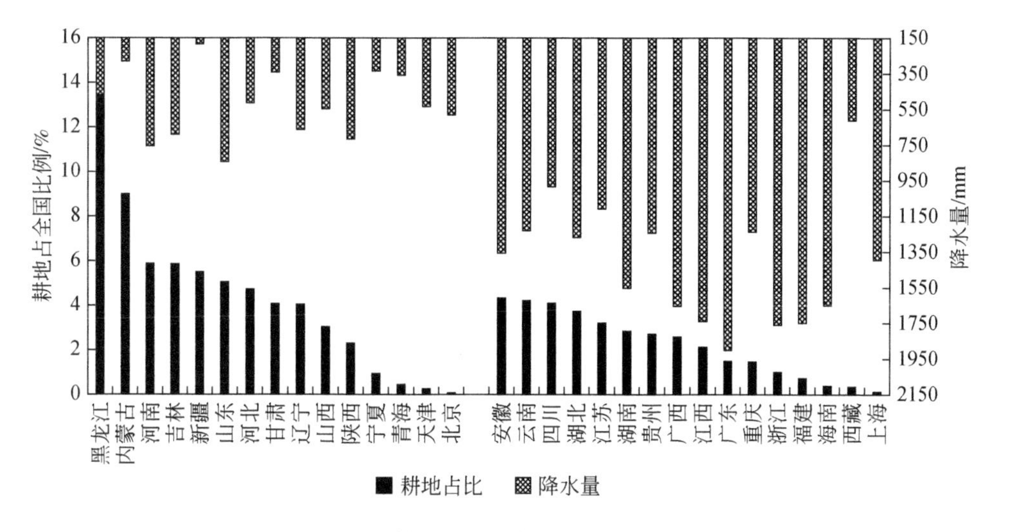

图1-5　耕地空间分布及对应的降水量

与此同时，在追求高投入高产出的生产经营过程中，一系列与水土资源开发相伴生的地下水超采、耕地质量下降等农业生境问题出现，严重威胁着灌区的可持续发展。据水利部2019年度《中国水资源公报》，2019年我国水资源开发利用率不足25%，北方地区除松花江区外，均超过40%的国际警戒线，海河区最高达到120%；由于大量开采地下水用于灌溉，黄淮海地区、松辽平原、汾渭谷地、鄂尔多斯台地和西北内陆盆地山前平原等地区地下水位持续下降，各片区均形成多处降落漏斗，自然水循环受到破坏，引发河流、湖泊和湿地萎缩，以及土地退化和沙化、土壤盐渍化等问题。据“宁夏银北-卫宁地区盐渍化土地调查”项目成果报告，2021年宁夏引黄灌区不同程度的盐渍化土地面积占灌区土地面积的41.09%。内蒙古河套灌区盐碱地占耕地总面积的36.4%（王学全等，2006）。鄂尔多斯台地由于灌溉面积发展，大量开采地下水，察汗淖尔、黄旗海、九连城诺尔、乌兰淖尔等河湖湿地面积减少了80%以上。河西走廊地下水超采曾导致疏勒河中游草原退化，退化面积达130.5万亩，占比在80%以上。

另外，大量农药化肥的施用又进一步加剧了土壤的退化。根据《中国统计年鉴2021》

数据计算，我国耕地化肥施用量（折纯量）达410kg/hm^2（约27.4kg/亩），远远高于国际上公认化肥施用量（折纯量）上限225kg/hm^2（15kg/亩），是美国和欧盟的2.6～3倍；我国化肥施用量是美国和印度化肥施用量的总和。即使按照耕地播种面积计算，播种面积上化肥施用量（折纯量）也有313.5kg/hm^2（约20.9kg/亩）。若按照2020年粮食生产量计算，相当于每生产12斤①粮食就施用1斤化肥。然而我国化肥和农药利用率偏低，2020年我国水稻、小麦、玉米三大粮食作物化肥利用率仅为40.2%，农药利用率仅为40.6%（农业农村部最新发布的数据显示）。大量残留化肥和农药留存在土壤中，造成土壤板结、土地退化；同时随着灌溉排水进入河道和地下水，水质下降进一步造成农业可利用水土资源的减少。农业水土生境破坏，影响灌溉农业良性健康发展。2020年分省份耕地化肥施用量（折纯量）见图1-6。

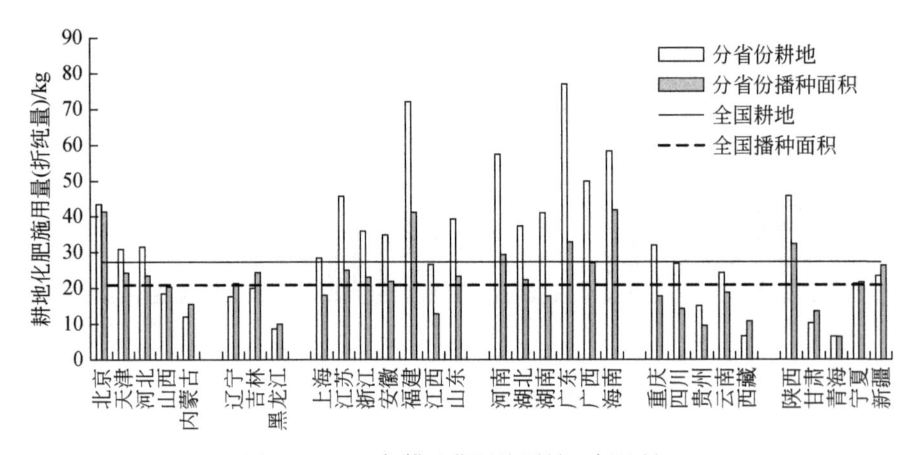

图1-6　2020年耕地化肥施用量（折纯量）

4）工程设施不完善，现代化管理建设滞后，灌区发展难以满足时代要求

我国灌区普遍建设于20世纪60～70年代，受当时建设水平和技术因素的影响，工程的设计标准偏低和配套设施不完善，灌区的整体质量仍处于较低水平。尽管经过多年大中型灌区节水改造与续建配套工作，工程设施有所改善，但是灌排设施仍然存在突出短板和薄弱环节。根据相关报道，截至2021年，全国已建大型灌区骨干工程中仍有60%的渠道、30%的渠系建筑物和70%的排水沟没有得到系统的改造，骨干工程的完好率仅为65%。即使已实施配套改造的灌区，也主要是对当时出现的病险、“卡脖子”等部分骨干工程进行配套改造，有效灌溉面积仅达到设计的88%。灌区工程设施改造不够，田间工程配套率仍偏低，输配水损失依然存在，节水灌溉新技术推广应用进展缓慢。一方面导致现在灌区工程与高质量发展要求相比仍有一定差距；另一方面由于基础设施依然不足，用水浪费与缺水普遍存在。据统计，2020年全国灌溉水利用系数0.565，仅为发达国家的75%，其

① 1斤=500g。

中，大型灌区为0.525，中型灌区为0.539，小型灌区为0.556，纯井灌区为0.746。不同类型灌溉区用水效率差异较大。

另外，灌区现代化生态化建设缺乏系统性，监测体系尚未全链条建立，用水计量缺位，信息化建设滞后，与现代化农业发展、生态灌区的建设要求仍有较大差距。据统计，目前全国大型灌区渠首取水口计量实现全覆盖，干支渠道测水设施安装率只有70%、斗口计量率仅为36%。中型灌区1m³/s以上斗口及以上分水口计量率仅为35%。监测管理技术手段缺乏，覆盖面不足，难以支撑用水总量控制和定额管理的全面落地，生态沟渠建设绝大多数仍在实践探索中，缺乏对用水过程相伴的土、生态环境等的监测和系统管控。相关技术人员、农民用水户参与不充分，造成管理能力和服务水平不高，严重制约灌区的健康发展。

综上可见，当前灌区发展面临水资源缺乏、耕地资源受限和水土不合理开发利用造成的众多生态环境问题，影响着新时代其在保障粮食安全、促进经济社会发展和生态文明建设等方面综合功能的发挥。为此，在现代化灌区建设中，开展现代化生态灌区建设成为全面保障国家粮食安全、乡村振兴、农业现代化、绿色发展的重要选择。

1.2　现代化生态灌区建设的必要性

1.2.1　灌区建设的目标

农业是经济社会发展的基础性产业，灌区是以农田为核心的生态系统的有机组成部分。灌区是依靠可靠水源和引、输、配水渠道系统和配套排水沟系组成的系统工程，是一个具有较强社会性质的开放式生态系统。水作为灌溉农业的重要物质和关键的环境要素，伴随着人类对灌区水循环的干预，以及对自然要素——水、土、气、热等要素的利用与干预的加大，促进了灌区社会功能和自然环境功能交互演替，不仅成为保障粮食和农产品生产的支柱，也是区域生态环境和经济社会协调发展和良性运行的纽带。

我国水资源时空分布不均，水土资源分布错位，生态环境脆弱，人多地少水缺的自然禀赋，更加剧了对灌溉的依赖。因此，作为粮食生产主要贡献者，灌区的良性发展承载着国家粮食安全的重任；作为山水林田湖草沙生态系统的有机组成，灌区又肩负着区域生态健康发展的重要责任。有鉴于此，党的十八大以来，灌区健康发展成为统筹推进“五位一体”总体布局和协调推进“四个全面”战略布局的重要组成。同时，党的十八大提出工业化、信息化、城镇化、农业现代化“四化”同步发展战略，农业现代化是国家现代化的基础和支撑，灌区具有不可推卸的责任。2017年中央一号文件提出要建设现代化灌区，2022年中央一号文件强调要“牢牢守住保障国家粮食安全和不发生规模性返贫两条底线”，二者均体现了时代对灌溉农业、农田水利发展的新要求。灌区作为灌溉农业的核心构成，其现代化建设和绿色生态健康发展，对国家农业现代化建设负有重要的责任。综合灌区生态建设要求和现代化建设目标，开展现代化生态灌区建设已经成为我国农业发展和区域生态保护与高质量发展战略要求的有机组成。

2018 年中国工程院重大咨询项目“我国农业资源环境若干问题战略研究”提出：转变粗放型经营方式为集约型经营方式，转变传统农业为现代农业，建成资源节约、环境优化、结构合理、城乡一体、内外协调的农业资源环境安全体系和现代农业产业体系（石玉林等，2018），在一定程度上体现了现代化生态灌区建设发展的方向。

2022 年水利部、国家发展和改革委员会印发的《“十四五”重大农业节水供水工程实施方案》（简称《方案》）也对未来新建灌区提出了相应要求。《方案》明确提出新建灌区应遵循以下要求：①强化水资源刚性约束，用水总量不突破红线，按照水资源承载能力合理布局规模，推进节水型灌区建设；②适应现代农业生产要求，规模化集约化发展灌区，以适应农业现代化耕作需求；③注重生态环境问题，推进灌区绿色化发展，以促进灌区建设与美丽乡村建设相结合，建设人与自然和谐共生的现代化灌区；④加强新技术的应用，提高灌区信息化水平，全面提升灌溉管理水平，以灌溉信息化带动灌溉现代化，全面提升灌溉管理水平。

由此可见，遵循生态优先、绿色发展的指导思想，基于灌区自然、社会的双重属性，充分利用现代化、智能化技术手段，开展水-土-粮食-生态各环节相互协调的现代化生态灌区建设和改造，已是今后灌区发展的主要目标和方向。

1.2.2 实践需求

水土资源禀赋差，空间分布错位是我国农业发展的限制性因素。耕地数量减少、质量退化，地下水超采，以及内涝与盐渍化等生态环境问题，严重影响着灌区良性可持续发展，并波及农产品的安全生产、生态系统服务功能的正常发挥，共同威胁着粮食安全和农产品产出。全面应对复杂的国际形势，保障“中国人的饭碗任何时候都要牢牢端在自己手中”并满足人民日益增长的美好生活对粮食和农产品质量的要求，应在认清现状、明晰问题的基础上，全面分析灌区现代化、生态化建设的理论，以此为基础，围绕灌区健康发展中水、土资源两大刚性约束要素，针对水-土-粮食-生态协调发展的纽带关系，开展包括宏观顶层的合理配置、操作层面的监测跟踪和实践层面的反馈调控的系统建设是从根本上保障灌区的良性健康发展的基本路径。

综上可见，灌区是“自然-社会”二元水循环驱动下的水-土-粮食-生态共同作用的复杂系统，是山水林田湖草沙生态系统的有机构成，其健康发展关系着国家粮食安全和生态安全。水是协调众要素的关键，推进灌区水土资源空间均衡发展格局下的节约集约利用，开展现代化生态灌区建设，成为践行落实“节水优先、空间均衡、系统治理、两手发力”治水思想不可或缺的组成，对区域生态保护和高质量发展意义重大。

1.3 现代化生态灌区建设的研究现状

生态灌区是可持续发展理论、生态经济学理论和景观生态学理论在灌区发展领域的应用，是为解决灌区环境和资源问题而提出的新概念，是针对传统灌区建设中以单纯追求工程效益、单一生产功能为目标，向工程建设、环境保护以及生产效益综合发展的综合多功能转变的新形势而提出的（张泽中等，2010）。然而，由于灌区是一个以“自然-社会”水循环及其伴生的土地、生态环境演变为根本的生态系统，是综合社会、经济、农业、生态环境多领域的庞大工程，尽管随着生态文明理念的深入，生态灌区的建设逐渐得到重视，但是有关生态灌区的认识仍处于初级阶段，因区域特点和存在问题的不同，对其内涵的相关认识和理念的界定并不一致，进一步结合现代化、智能化等技术手段的现代化生态灌区方面的系统研究更是鲜有报道。

1.3.1 现代化生态灌区理念的发展

1. 生态灌区理念

生态灌区和现代化灌区是针对传统灌区发展中存在的问题提出的新发展方向，也是灌区发展过程中为适应新时期生态保护和高质量发展目标的基本要求。相较于现代化灌区，由于灌区生态问题出现的时间较早且日益严重，灌区中有关生态的研究出现得也相对较早。尽管如此，但由于生态问题具有隐蔽性和发生发展滞后性，相关研究进展较为缓慢，且国内外研究差距较大。

国际上对于生态灌区的概念虽然没有直接的定义，但是灌区生态环境问题及生态灌区的相关研究已经持续了70多年。最早于1949年，Aldo Leopold在其开创性著作*A Sand County Almanac*（《沙乡年鉴》）中率先引入生态系统的概念，提出：“要将土地健康引入环境伦理学”，在一定程度上体现出了对灌区健康问题的重视。之后随着越来越多的生态环境问题的出现，生态系统健康的理念逐渐被研究者借鉴。但是，其间对于灌区内水的合理循环利用以及系统考虑灌区水土关系的研究却相对较少，付诸实践的更是不多。直到1980年初，一些环境科学家才采取行动，提出生态系统健康的技术概念（Loo，2011），传统水利建设过程中相关的生态因素得以考虑，但更多的关注在于人工改造的水利工程对生态系统的影响，相关研究也主要集中于欧美等发达国家；其中Larry Curiis Brown是最早将生态灌区付诸实践的人，他在灌区周围建设小型湿地，将灌区内灌溉水排入湿地中，利用湿地的净化作用改善水质，然后作为第二次灌溉用水，保障灌区的生态环境，初步体现了灌区的生态化。类似的灌溉—排水—湿地管理系统在美国和我国南方的很多地方推广应用。

Brookers 于 1990 年正式提出生态灌区的概念，他认为：生态灌区应该是可以长期保持周围环境的稳定性，同时具有较高生产能力的灌溉系统。在此理论指导下，灌区中水肥的高效利用成为生态灌区建设中受重视的环节，而且随着管理技术的发展，相关的现代化技术手段也在不同层面有所体现。

国内生态灌区理念的提出时间较晚，且生态灌区理念尚未统一。目前主要是针对灌区建设运营中不同生态问题开展的相关论述。2004 年中国工程院院士茆智从农业节水和农业污染治理角度提出节水防污型生态灌区理念，提倡建一个节水型、生态型灌区，通过构建“排灌沟渠—小型湿地”组成新式农田水利系统，实现工程和自然条件相结合，使其能够保持和促进灌区良性循环发展，改进和改善对水资源、经济环境资源的利用，具有节水防污的综合效果。同年，姜开鹏（2004）从满足新时期农业和农村发展要求出发，认为生态灌区要根据生态学理论建立生态上自我维持、经济上可行的良性循环系统，要求其长期不对周围环境造成明显改变，且具备先进生产力水平。顾斌杰等（2005）在生态灌区构建原理与关键技术方面进行了深入研究，认为生态灌区是指灌区系统与流域生态环境相协调，达到灌区水量和化肥农药施用节约化、水质自我净化、农产品品质无害化、水土保持和土壤结构持续利用化、工程布局和调控管理最优化、秸秆处置和沟渠河道生态化、经济和社会效益最大化，并提出了节水型生态灌区的建设模式。张占庞和韩熙（2009）提出，建设生态灌区就是要按照生态规律办事，创造出生产能力高于纯自然生态系统的复合生态系统，以追求生态与经济的双赢。杨培岭等（2009）综合灌区生境和农业生产等环节，较为系统地提出生态系统的概念，即灌区是一个具备“社会-经济-自然”综合性质的生态系统，应该是在人与自然和谐理念指导下，通过水土资源高效利用、环境保护与治理、生态恢复与重构、水景观与水文化建设、灌区生态环境建设基准及监测管理方法等多方面的调控技术措施，修复脆弱的灌区生态系统并维持系统稳定良好运转，最终形成的经济社会效益高、灌区功能完善、水资源配置科学有效、单位水量生态效益高的节水型灌区，此为灌区发展的最高境界，即生态灌区。彭世彰等（2014）认为节水型生态灌区是一类生态健康的灌区，它应具有以下三方面特点：①和谐性，即要求工程与自然、经济与自然、人与自然、人与社会和谐，兼顾社会、经济和环境三者的整体利益，在整体协调的秩序下寻求发展；②高效性，即要求水土资源高效利用，回归水与劣质水资源循环利用，灌区工程配套，经济效益好，管理水平高；③可持续性，即要求高度重视环境保护和生物多样性的维护，合理配置资源，形成生态生产观，使生产力具有可持续性，能够满足当代人和后代人生存发展的需要。之后一些研究者在以上相关认识的基础上，结合生态文明理念开展了大量有关生态文明灌区建设等的研究。其间，李佩成（2011）从水生态文明角度提出了生态灌区的相关概念，指出现在灌区存在的问题以及推进生态灌区建设的相关措施。

总之，在我国特殊国情下，灌区肩负的任务越来越重，灌区问题也日益凸显，有关生态灌区的研究越来越得到重视。相关研究为生态灌区建设提供了大量有益探索。

2. 现代化灌区理念

现代化灌区的提出相对于生态灌区较晚，但随着技术发展和管理需求的日益迫切，在农业现代化发展过程中，灌区现代化被重视，现代化灌区的理念被普遍认同。尽管如此，由于新型先进技术发展及推广认识的差异，现代化灌区建设的侧重点一直在变。因而，有关现代化灌区理念的认识一直在摸索中寻找方向。

国际上，关于现代化灌区的提法最多的是灌区现代化或灌溉现代化，认为现代化灌区，就是实行灌溉现代化的灌区（Renault and Makin，1999）。联合国粮食及农业组织（Food and Agriculture Origanization of the United Nations，FAO）较早地提出灌区现代化的概念，认为灌区现代化是“不同于纯粹的更新改造，是与体制、制度改革相结合，在技术与管理上改进提高灌溉系统的过程；其目标是改进对劳动力资源、水资源、经济资源和环境资源的利用，改进对农民的输配水服务”（FAO，1998）；并在亚洲进行了试点建设。世界银行（World Bank，WB）认为灌区现代化不仅仅是建设一个在技术和管理上都非常先进的灌区，而应理解为在工程和体制方面进行改革，从而改善用水服务水平，减少对水质造成破坏，以及减少政府介入的灌区管理（World Bank，1998）。

在我国，现代化农业发展被提上日程并受到国家关注，全国各地都不同程度地开展了现代化灌溉技术的推广应用、灌溉管理的智能化探索，这都为现代化农业发展做出了很好的探索。然而，关于现代化灌区或者现代农业的概念相对较少，提到较多的是水利现代化、农业现代化。水利部在 2000 年提出从传统水利向现代水利、可持续发展水利转变的治水新思路；2007 年水利部副部长翟浩辉给出了现代水利的发展目标，即用现代发展理念指导水利，用现代的科技成果装备水利，用现代的先进技术改造传统水利，用现代的先进的经营理念和手段管理水利，提高水利信息化水平，从而建立现代化的防洪安全体系、现代化的水资源供给体系、现代化的水工程管理体系、适应现代人生活需求的水环境体系、能够促进水利可持续发展的人才保障体系和不断创新的科技体系以及政策支持体系。之后，水利部提出并开展了现代化灌区建设。2022 年水利部部长李国英提出构建数字孪生流域，实现预报、预警、预演、预案（“四预”），为管理服务。同年，水利部下发了《关于开展数字孪生灌区先行先试的通知》。灌区是流域水管理的有机构成，构建现代化灌区、开展数字孪生灌区建设成为未来灌区的方向，体现了现代化灌区建设的理念。

鉴于灌区现代化建设作为水利现代化建设的有机组成，且灌区建设运营与自然生态相互作用、与区域经济社会发展相耦合等复杂性，目前结合数字孪生灌区建设，围绕水-土-农-工情等水资源开发利用环节的现代化技术监测计量手段的应用一定程度上体现了现代化灌区建设的理念。但是，由于缺乏集农业生态系统水-土-作物及其周围生态环境因素等系统、综合现代化调控技术手段的应用，与数字孪生灌区建设要求仍有差距，更难以满足水利部提出的“设施完善、节水高效、管理科学、生态良性”的现代化灌区建设目标，与农业现代化及现代农业的差距仍较大。

1.3.2 现代化生态灌区评价研究

由于现代化灌区、生态灌区的认识不统一，目前研究更多地集中在基于监测数据对灌区运行结果的简单评价。其中关于生态灌区的评价可追溯到20世纪末21世纪初，从只重视成本效益的节水灌溉成本评价，发展到综合灌区运行、粮食产量、生态环境和财务等方面的综合评价。由于评价侧重点的不同，相关的评价指标差异较大，相应的评价方法和手段也有所不同。

国际上，Bottrall和Mundial（1981）、Abernethy（1989）等将灌区的灌溉绩效指标进行分类，提出了生产力、公平性、效用、成本效益及可持续性五类指标。1997年Bos提出了涵盖缺水、环境可持续性、社会经济和管理制定等40个指标的评价体系。随着灌区评价指标体系的逐渐完善，灌区评价的另一重要部分——评价方法也被逐渐引入灌区健康评价中。Bangdaragoda（1998）开发的灌区诊断决策支撑系统，支撑了灌区生态问题的原因和结果的分析，使得对灌区的评价更加全面。Malano和Burton（2001）从灌区的运行、粮食产量、生态环境和财务等方面对灌区进行了综合评价。

在此过程中，Murray Rust和Snellen（1993）开展了8个国家15个灌区的比较评价，提出了一套评价分析框架，相应的评价方法也逐渐被引入灌区健康评价系统中。国际灌排组织（ICID）相关学者综合众多成果，系统地提出包含水平衡、环境、经济和效益四方面77项指标的灌区健康评价指标体系（Bos，1997）。联合国粮食及农业组织推荐的评价指标包含灌区运行情况、财政、生产效率和环境性能四个方面；国际水资源管理研究所（International Water Management Institute，IWMI）推荐了9个评价指标，分别为单位灌溉面积产值、单位控制面积产值、单位灌溉供水量产值、单位作物耗水量产值、供水满足率、灌溉满足率、输水能力、投资回报及费用回报（Molden et al.，1998）。综合来看，目前绝大多数评价侧重于从效益角度评价，灌区生态状况评价内容相对不足。

国内有关生态灌区建设评价指标体系方面的研究起步较晚，同时由于我国幅员辽阔，不同区域对灌区发展的要求不同，相应的灌区健康评价采用的方法和技术也相差较大，且目前主要集中在学术的研究阶段。闰慧等（2006）从可持续发展理念出发，通过对生态示范区的实地考察，因地制宜地选取19个指标建立灌区评价指标体系。宋兰兰等（2006）从水质、水量、水资源利用方面选择18个指标，构建区域生态系统健康指标体系，并应用到广东省。宋素兰（2007）以北京市北野厂灌区为对象，在进行生态系统健康状况评价的过程中，基于独立性原则，选取 26 个具有典型性和敏感性的指标，构建灌区生态系统的结构层次、环境层次、整体功能层次及社会经济层次四个同级别的层次指标体系，来反映灌区的生态意义。刘莉（2008）等在大型灌区节水改造后的生态环境效应评估中，考虑到构成生态系统的生物和非生物因素间的相互依存关系，构建包含水环境、土壤环境、生物环境和社会四个方面共 16 个指标的评价指标体系。王维（2015）在对生态灌区的综合评价研究中，参照灌区节水改造，从灌区节水、灌区可持续发展和生态环境质量方面构建评价体系，依据构建原则，最后在工程保障、生态环境、社会经济、管理水平及可持续发展五个一级指标下最终选取 35 个关键指标组成指标体系，比较全面地反映灌区状况。杨柳等（2015）提出了一种基于多源指标特征信息融合的优选思路与方法，逐级筛选 31 个指标初步构建了灌区生态环境评价指标库。张泽中等（2010）建立了健康评价框架，提出了需要建立灌区水土开发利用极限值和灌区生态系统严重退化极限值的思想。在以上研究中，层次分析法、单一评价法和博弈理论等评价方法被选择采用，用来进行定量评价。

与此同时，为规避仅重视后期评价难以反映运行中存在的问题，研究者们对生态灌区工程建设模式方面进行了阐述。彭世彰等（2014）以节水型生态灌区理念为支撑，分析了灌区工程、灌溉技术、生态系统及管理和文化的构建路径，提出了现状灌区建设中存在的问题。王超等（2015）在总结分析国内外灌区理论研究和建设实践的基础上，重点针对南方地区，提出生态节水型灌区的建设思路、构建模式和技术体系。

综上可见，生态灌区的理念起源于节水型灌区，但随着生态环境因素的不断增加，研究范畴不断扩展，研究深度不断增加，对应的指标也逐渐细化，从最初的抽象描述发展到后来对其内涵的具体阐释，反映了现代经济社会条件下人们对未来灌区建设的一种期待，也相应产生了包括资源、环境和社会经济等不同方面的衡量指标。相关研究为灌区生态健康发展提供了很好的借鉴。但是，目前的研究主要集中于生态灌区的后效评价和鲜见的工程建设的说明，缺乏生态灌区全过程的理论指导；而且由于不同时代建设技术水平的差异，目前灌区生态更多地集中于灌区节水和灌区水质保障方面，难以支撑灌区建设中水土刚性约束下水-土-粮食-生态的系统协调，不能从根本上支撑灌区的可持续发展。现代化要素也主要体现在对灌溉输配水量的监管，不能很好地支撑数字孪生灌区为抓手的新时代现代化生态灌区建设、运行的要求。

综合当前灌区肩负着生态安全、粮食安全的重任和现代化农业和数字孪生灌区建设的使命，针对以上问题，唯有在明晰现代化生态灌区内涵的基础上，综合宏观层面的水土资源均衡调配和实践层面的监测、计量，结合预报、预警以及必要的预案等措施，才能从根本上协调灌区发展的众多因素，保障现代化生态灌区生态系统的健康发展。

1.4　主要内容与总体思路

1.4.1　主要内容

本书为支撑现代化生态灌区建设，基于对现代化生态灌区健康内涵的认识，以水-土-粮食-生态协同发展为目标，从灌区水土资源空间均衡配置方法与生态健康发展评价理论层面和现代化生态灌区发展的技术支撑和监测反馈实践层面，按照宏观基础理论—中观技术支撑—实践操作层面，提出全链条保障现代化生态灌区健康发展的调控理论，并以宁夏引黄灌区典型区域为对象，进行了理论应用。相关成果可为我国现代化生态灌区的建设提供借鉴。其主要的内容概括如下。

①综合现代化生态灌区建设现状和现状灌区发展存在问题，诠释现代化生态灌区的内涵，提出保障水-土-粮食-生态协调发展的水土资源均衡配置方法；②基于灌区肩负的生态安全、粮食安全和现代化建设的重任，从生态环境、生产效益、现代化水平以及可持续发展四个方面，构建现代化生态灌区健康评价指标体系和综合评价方法；③为全面落实过程监管和反馈调整，基于先进的技术手段，阐述基于大数据云计算的现代化生态灌区健康技术指标监测网络模式和决策支持系统框架；④以宁夏青铜峡灌区中典型区域为对象进行实例分析。

1.4.2　总体思路

本书综合现代化生态灌区建设理论的支撑关系，按照“宏观理论方法—实践技术支撑—实践响应”的总体思路从宏观控制层、技术支撑层、实践响应层三个方面开展。具体如下。

第一，宏观控制层。在诠释现代化生态灌区内涵的基础上，围绕现代化生态灌区建设中保障水-土-粮食-生态协调发展的总体目标，提出了水土资源均衡配置方法和现代化生态灌区健康评价指标；通过二者的相互支撑，从宏观控制层面提出了总体控制的方向。

第二，技术支撑层。围绕现代化生态灌区健康评价指标的感知和分析，开展监测网络模式的构建；为实现现代化管控，设计决策支持系统框架。一方面响应宏观控制层面要求，以落地宏观顶层决策；另一方面，反馈监测感知信息分析结果，为宏观控制层的实时调整提供支撑。

第三，实践响应层。以宁夏引黄灌区——青铜峡灌区中典型区域为对象进行实例分析。全面验证现代化生态灌区水土资源均衡配置与健康发展理论。相关研究成果可以为青铜峡灌区以及相关灌区生态保护和高质量发展提供借鉴。

本书的总体思路见图 1-7。

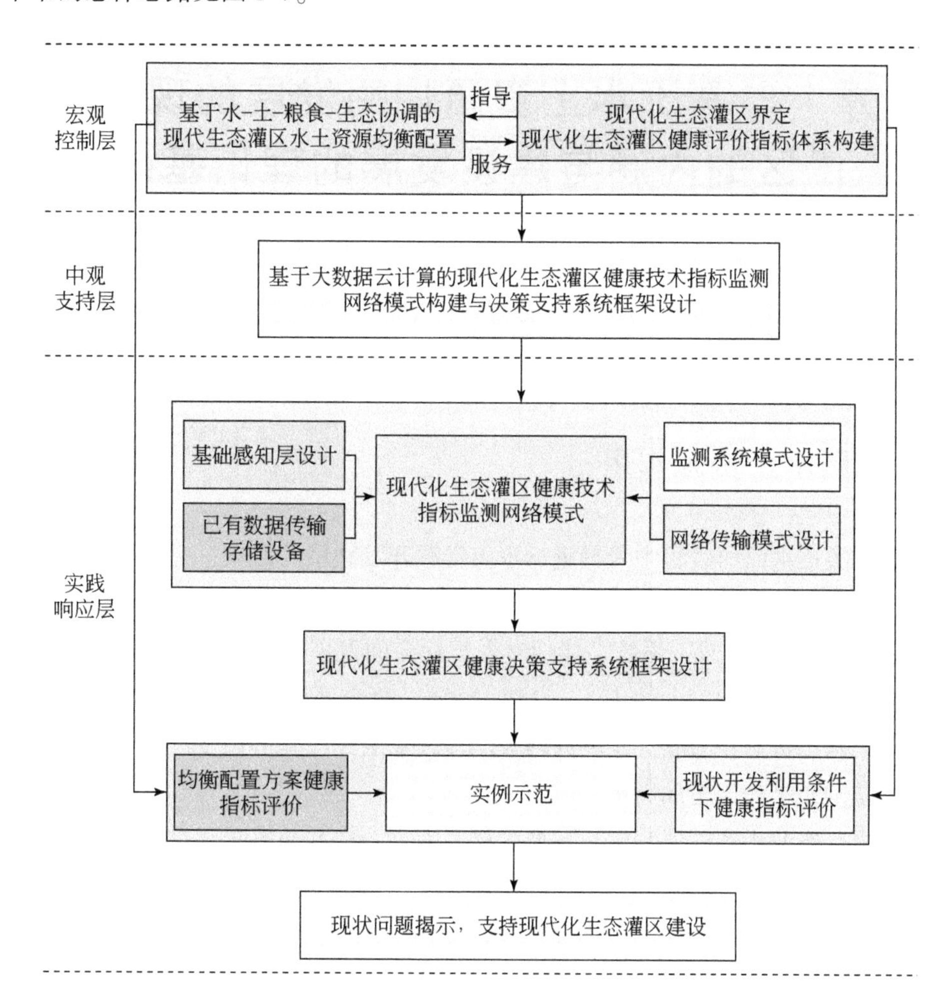

图 1-7　现代化生态灌区健康理论体系与本书的总体思路图

第2章 基于水土资源均衡发展的现代化生态灌区的内涵与建设发展的理论基础

2.1 灌区建设中水土资源的作用及其生态系统特点

2.1.1 灌区水土资源作用

灌区是人类逐水而居过程中最早进行水土资源开发利用的区域，是通过对可靠水源的合理调控，实现利用区域土地资源、光、热条件等来支撑农田作物生长，达到人类最基本需求而形成的“人工-自然”系统。伴随着人类社会的发展，灌区在自然和社会中的作用愈加深入，已经发展成为一个“人工-自然-社会”复合系统，处于自然和社会大系统中的中间地位。水土资源作为灌区发展的两大刚性约束条件，其协调发展对自然生态系统和经济社会系统的纽带作用更加突出。

水作为灌区农业生产发展与生态发展的核心因素，在其动态转化过程中发挥着生产要素和物质运移媒介的双重作用。一个完整的灌区包含三个最基本的组成要素，即水源、输配水渠（沟）道系统和一定规模的灌溉面积。输配水渠（沟）道系统是人工实现水源与利用对象灌溉土地间兴利除害的重要手段，是灌区人工水循环的主体。灌溉面积是水源和输配水渠（沟）道系统所能扩展或覆盖的面积，是灌区最终受益和发挥作用之处。

伴随着水的输配和农作物的吸收利用，在“自然-人工”双重作用力驱动下，形成了“自然-人工”水循环相互交织的复杂循环系统（图2-1）。人工水循环系统具体为通过库、井等水源工程和输配水渠系、管道以及排水沟道、暗管等工程送到用户的一个由点（一个水源点或多个水源点）到线（多级引（输）水渠系），再分散到面（农田区域），形成由“取水—用水—耗水—排水—回用”人工水循环环节构成的耗散系统。同时，伴随着水的输配和农田农作物利用，灌区人工水循环系统与降水、入渗、蒸发、蒸腾、深层渗漏等自然水循环过程相互交织，构成了灌区实体水循环。另外，伴随着农产品的流通，在以上实体水循环基础上，又增加了农产品中虚拟水的循环。在不断发展的灌溉技术的作用和农产品市场驱动下，灌区输配水的循环路径不断延长、通量不断扩大，影响范畴逐渐拓展，灌区水循环系统愈加复杂。灌区水循环系统动态过程详见图2-1。

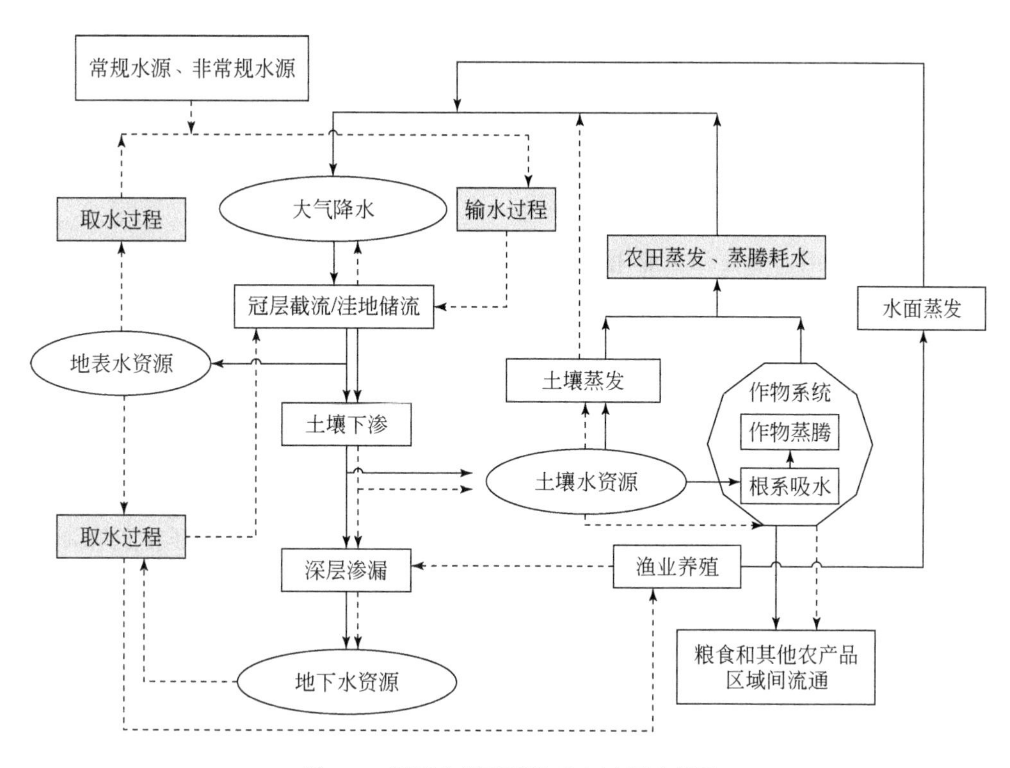

图 2-1 灌区水循环系统动态过程示意图

实线：自然水循环过程；虚线：人工水循环过程

水作为生产要素和生态环境的驱动因素，在频繁的动态转化过程中促进了农业生产，也作用于土壤、植被等生态环境，共同影响着区域生态系统的变化。

土是农业之本，是灌区发展的基石，既包括土地数量也涉及土壤质量。作为土体的最本质构成，土壤不仅是物质的历史自然体，而且也是具有特殊结构和功能的地球系统的一个圈层，是地球圈层及人类生存环境的核心部分。土壤中生物（固相物质）、水分（液相物质）、空气（气相物质）、氧化的腐殖质等组成是灌区农作物、植被基本生活要素的主要来源。土壤有机质含量的多少、腐殖质的类型与数量是衡量土壤肥力高低的重要指标，它和矿物质紧密地结合在一起，不仅提供植被营养，还提高土壤的保水、保肥能力，改良土壤物理性质。通过土壤团粒体的结构、孔隙的大小等土壤物理特性影响土壤保水性能、支撑水分循环。

水土资源二者相互作用，互相依存，集中体现为：通过人工干预灌区“取水—用水—耗水—排水—回用”加速自然水循环，一方面决定着灌区可用水量和有效利用特性，另一方面通过对土壤水分的再分配，直接作用于土壤温度、湿度、土壤结构，间接改变着土壤中物质的转换、生境的活性，影响着土壤质量和灌区土壤的生物多样性。同时，土壤水分含量、土壤结构和有机质含量等土壤要素的变化又反作用于水循环的入渗、蒸发过程，进而影响水循环系统。伴随水土资源的相互作用、相互影响，生产性耗水量和生态性耗水量此消彼长，影响并塑造着灌区生境。

总之，水土资源开发中二者的相互作用、相互影响决定着灌区的可持续发展。灌区水土资源均衡协调开发成为灌区生态系统健康发展的根本。

2.1.2 灌区生态系统特点

灌区作为集农田、居住和工业用地（居工地）在内的工农业生产和生活的综合体，是在气候和人类活动影响下的“人工-自然-社会”众要素综合形成的半开放式复合系统，是经济社会与生态系统联系的纽带（图2-2），处于生态大系统的中间地位。在农业生产的发展过程中，灌区生态系统不仅延长了自然生态系统物质循环的链条，而且也由自然状态下相对封闭的状态链，转化为一个相对开放的状态，成为农产品生产的社会单元和影响自然生态系统稳定发展的生态要素的有机构成。伴随其中水土资源的转化和农产品的流通转化，灌区在继承自然环境要素的基础上，实现了区域环境中能量、物质信息和资源价值的转化，以及灌区内外生物和非生物环境间及生物种群间的相互作用。灌区在其物质、能量循环转化和其自身系统的演变过程中，不仅发挥着经济社会功能，同时受到自然水土资源的作用和山水林田湖草沙等自然生境的相互影响（图2-3），发挥着生态服务功能，而且彼此间相互作用、彼此影响，在人类高强度的干预下，形成了灌区独特的生态系统特点。

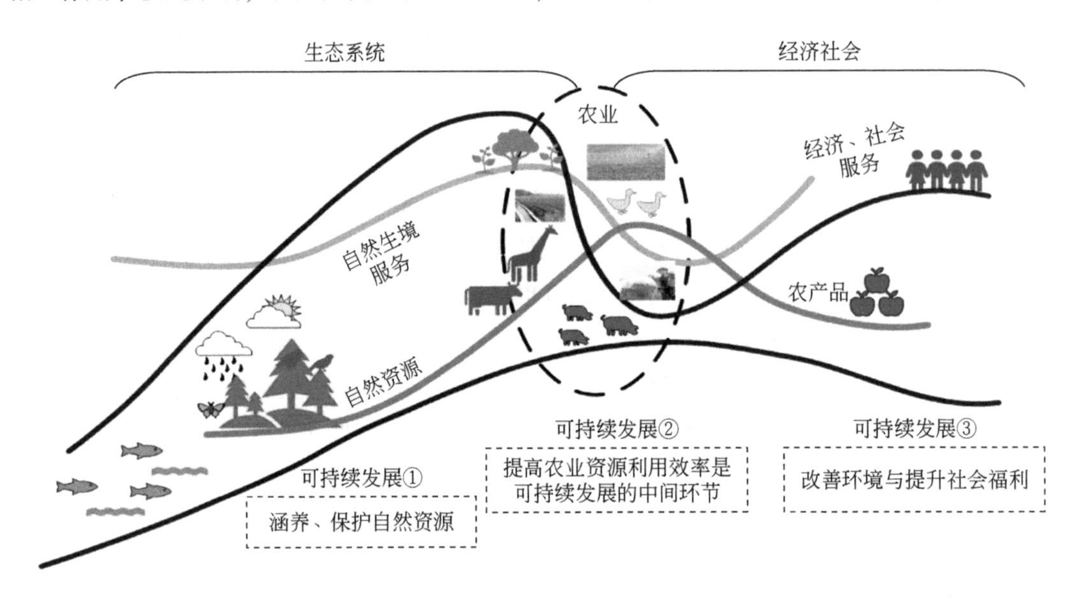

图2-2 灌区在经济社会和生态系统中的中间作用

1）系统趋于不稳定平衡状态

农田生态系统依赖于自然生态系统所创造的条件，存在于自然界，遵循自然生产规律，但随着高强度人类活动的作用，原有的水、土地以及共同作用的生态环境因素等的自然生态规律被扰动，原有的生态平衡被打破。通过对水、土、气、热等要素的人工干预利

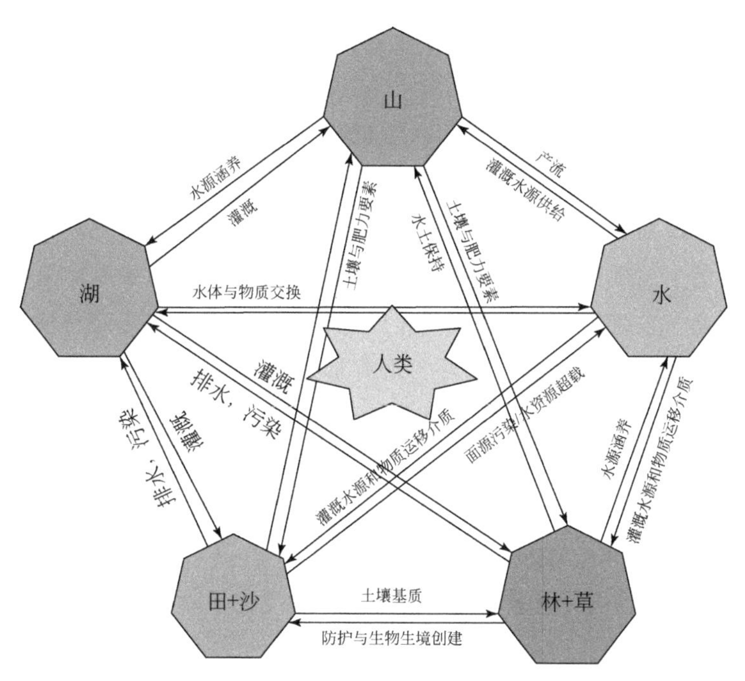

图 2-3　以人类为核心的山水林田湖草沙的相互作用关系

用，水土资源的匹配遭到破坏，土地缺少休养生息，加剧了土壤生境的退化，出现了土壤有机质下降、土壤板结和酸化等问题，灌区生态系统趋于不稳定平衡状态，生态系统的可持续发展受到影响。

2）生物多样性趋于均化

灌区生态系统是农作物与自然植被共生的生物系统。随着农业技术的发展和灌区种植结构的变化，在追求效益的过程中，形成“小麦带”“玉米带”等现象，导致灌区内生物多样性趋于单一化，灌区生境存在一定的生态风险。

因此，面对水土资源及其相互协调发展的生态环境问题，要从根本上支撑粮食和生态环境建设的双重重任，必须立足灌区这一复合系统，对其水土资源及伴生的生态环境因素全方位加以认识，并结合先进技术手段合理调控，这样才能协调解决二者的矛盾，从根本上保障灌区生态系统健康和高质量发展。

2.2　现代化生态灌区内涵界定

随着人类活动的增加，灌区已经演变为一个以人工、社会要素占主导的“人工-自然-社会”复合系统。在新的历史发展条件下，灌区已经不再仅仅肩负粮食生产的单纯任务，更是在经济发展新常态下，保障农村和农民收入稳定，缩小城乡差距，实现新农村建设与区域生态文明和高质量发展的重要支撑和有机构成。鉴于此，综合考虑水土资源在灌区发展中的重要地位，以及我国人多地少水缺，生态环境脆弱的本底和粮食安全、农民增收、食品安全、环境友好等方面众多诉求，将现代化生态灌区内涵概括如下。

现代化生态灌区应该为：以可持续发展理论、健康水循环理念、生态经济学理论、景观生态学理论为基础，以现代化智能化管理理念为指导、以先进生产技术和工程管理等现代化智能化管控手段为支撑，以水土两大刚性控制因素为对象，全面协调灌区农作物、土壤微生物等主体的生态规律与以水、肥、气、热、盐、光、药七大基本生产要素为主的非生物环境间的平衡，在维持灌区生态系统良性运转并且不对外界生态环境造成负面影响的同时，实现能量和物质的良性向好循环，最终形成一种功能复合健全、资源节约集约利用，经济适产高效、生态社会经济综合效益最优的灌区发展形式。一方面，可通过运行过程中现代化智能化调配和监测，实现灌区生态大系统的水土资源利用中环境要素的协调发展，维持灌区生态系统的绿色良性循环；另一方面，可通过量水发展、以水定地、适水种植，实现农业精准管控和规模化发展，大幅度提升农业水土资源利用效率和生产率。图2-4直观地说明了现代化生态灌区的理论基础与现代化手段支撑下的建设目标。

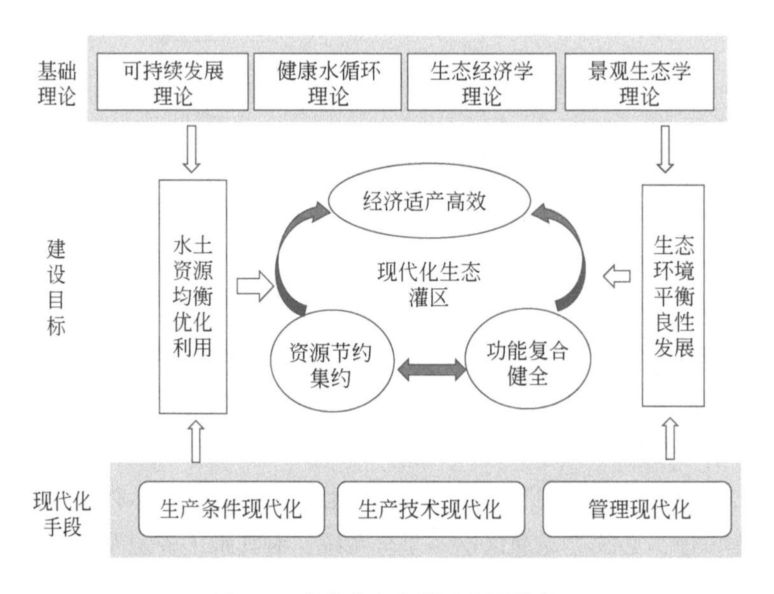

图2-4　现代化生态灌区内涵示意

2.3　现代化生态灌区建设的理论基础

2.3.1　可持续发展理论

可持续发展是人类社会发展永恒的主题。随着资源消耗量的增加、生态环境的日益恶化，可持续发展问题越来越受到重视。20 世纪 80 年代，可持续发展的思想逐渐形成，并在国际自然与自然资源保护联盟、联合国环境规划署等机构共同发表的《世界自然保护大纲》中首次出现，其核心是一种对资源的管理策略。之后其内涵得到扩展，逐渐被应用到社会和经济学范畴，成为谋求经济、社会与自然环境协调发展，维持区域生态与经济的动态平衡，实现区域生态环境处于可恢复范围之内的状态的基本要求，体现为人类的基本需求和大自然的其他部分利益之间取得平衡的发展形式。

可持续发展不仅关系到生态环境的健康发展，还关系到可支撑经济社会因素的相关部分。资源环境作为自然生态和人类发展的基本需求，资源的持续利用和生态系统的可持续性是保障人类社会可持续发展的首要条件。合理确定地球上的资源有多少应该用于当代人的需要，又有多少应该用于其他形式的生命，且不对后代人满足其需要的能力构成危害，可能是高速发展时代最需要面对的问题，也是可持续发展中最基本的生存与发展问题。1994 年 7 月，中国和联合国开发计划署在北京召开中国 21 世纪议程高级国际圆桌会议，国务院宣布将《中国 21 世纪议程》作为我国推行可持续化战略的指导性文件，标志着可持续发展已经成为我国既定的发展战略。

“可持续发展”其实质是既要考虑当前的发展，也要考虑未来的需求。其主要内容包括生态环境可持续发展、经济可持续发展和社会可持续发展三方面。

生态环境可持续发展是全社会可持续发展的基本条件，要求经济发展与自然承载力相协调；发展的同时保护和改善地球生态环境（一定程度上体现为土地的承载）；强调在合理资源环境约束下的发展，从源头上解决环境问题。

经济可持续发展是社会可持续发展的基础，强调改变传统的高投入、高消耗、高污染的生产和消费模式，转变为资源节约集约的经济增长方式，在提高经济效益的同时实现环境保护。

社会可持续发展是可持续发展的目标，强调以人为本，不断提高人类生活质量、改善人居环境、提高健康状况，追求自然生态-经济-社会复合系统的持续、稳定、健康。

灌区作为自然生态系统、社会系统、经济系统的复合体，平衡三者间的关系是现代化生态灌区发展的核心。灌区生产基于自然循环过程中水资源、土壤和太阳能，又附加了促进灌溉水循环的网络系统和引提水的生物质和化石能源，以及不同耕作方式人工物质能量，直接作用着原有自然生态系统，影响着既有的平衡关系，甚至原有的平衡被破坏。另外，在其产品的消耗中，原本自然生态链上消费者、分解者可利用的资源，随着农产品消耗链条的延长和异地化，也间接地影响着自然生态系统的自我修复等。总之，随着人类高强度的开发利用，灌区自然生态系统资源环境要素入不敷出的问题及外来不适宜要素的增加，不仅影响着自然生态系统的发展，而且反作用于社会经济系统。因此，可持续发展理论成为寻找灌区自然生态-社会-经济系统间协调发展首要遵循的基础理论。

2.3.2 健康水循环理论

水循环（自然水循环）是指地球上各种水在太阳辐射、地球引力等作用下，通过蒸发蒸腾、水汽输送、凝结降水、下渗以及产流、汇流等环节，不断地发生相态转换、周而复始的运动过程。水循环作为地球上最基本的物质大循环和最活跃的自然循环现象，通过参与地球圈层的互动，深刻地影响着地区地理环境、生态平衡和水资源的开发利用。

在整个地球圈层中，地球表层由大气圈、岩石圈、生物圈以及水圈组合而成。在此庞大的层群结构中，水圈居于主导地位，正是水圈中的水，通过连续不息的循环运动，积极参与圈层之间的界面活动，将土壤、地球有机地联系在一起。同时，水循环作为大气圈层的有机组成部分，担当了大气循环过程的主角，从大气层一直延伸到地表以下的潜水含水层。水通过相态变化积极参与岩石圈中物质的迁移转化，成为地质大循环的主要动力因素；而且水作为生命活动的源泉和生物有机体的组成，又全面参与地球生物循环，成为沟通无机界和有机界的纽带。

在地球形态和地壳的变化中，水循环产汇流等过程中形成的流水，通过持续不断的冲刷、侵蚀、搬运与堆积作用以及溶蚀作用，塑造着地球表层的形态和地貌。同时，水循环强度及其空间变化，通过对生物有机体和水的赋存形式和状态的影响，成为区域生态环境平衡的关键，也赋予了水资源再生性和可永续利用的特点。

在此过程中，随着人类对水土资源开发利用活动的深入，水循环驱动力、循环路径均发生改变，水循环由自然水循环变为“自然-社会”二元水循环（图 2-5）。在自然和社会驱动力的共同作用下，自然水循环和社会水循环二者间此消彼长，影响着自然水体量与质的改变，加剧了对地理环境和生态过程的作用。面对由此产生的大量短时间难以恢复的水量、水质以及生态过程的影响，“健康水循环”概念被提出。

健康水循环是指充分尊重水的自然生产、水土的自净和循环的运动规律，合理科学地使用水资源，引水适量、用水节约、废水处理和再生净化、排水达标；使得上游地区的用水循环不影响下游水土的功能、社会水循环不损害自然水循环的客观规律，从而维系自然水循环和社会水循环的健康运行或水环境保持自净平衡，实现水资源的可持续利用的循环状态。

由此可见，健康水循环是以“自然-社会”水循环整体为对象，综合考虑自然水循环的自组织过程和社会水循环对自然水循环作用后的再平衡过程。社会水循环的健康是健康水循环的根本。因此，健康水循环应具有如下特点。

第一，水循环区域的协调性。在取用水过程中，上游地区的用水循环不影响下游水体功能；水的循环不损害自然水循环规律，从而维系或恢复全流域乃至全球的健康水环境。

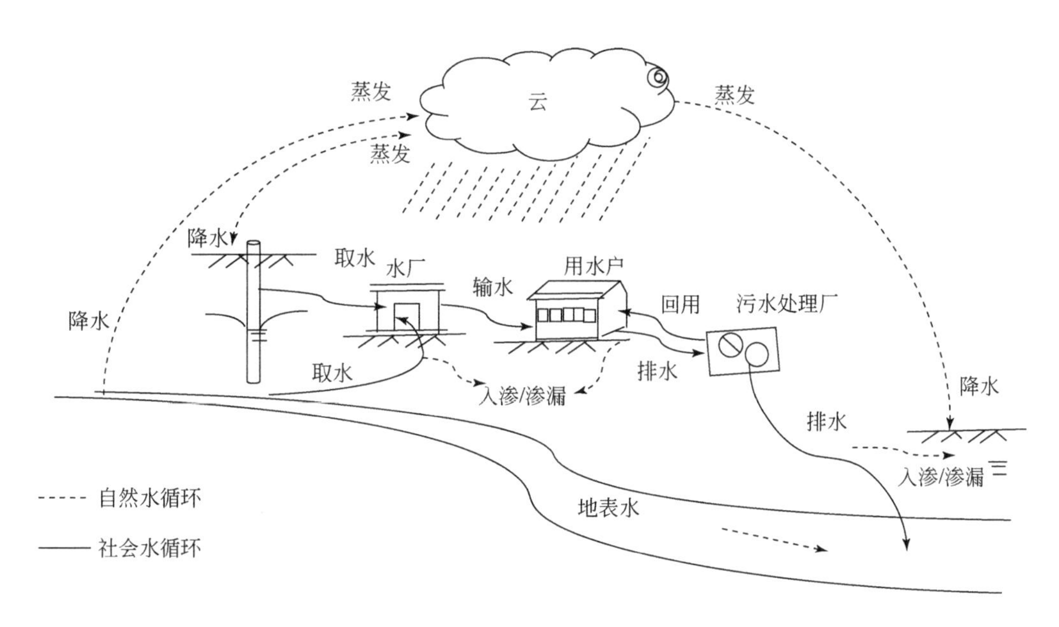

图 2-5 “自然–社会”二元水循环示意图

第二，水循环过程的延续性。不因取用水的变化切断或破坏生态环境要素的自然循环规律，要保持区域间和区域内水分动态转化的连续性及其伴生物质流的合理循环。

第三，水循环物质承载的有限性。有限性是一个质的规定，要求保持合理取用量和排放废（污）水量；要求在减少水量、增加水体物质的同时，不应超过其所能承载的限量，不因过量的排放量造成水体水质降低。

灌区生态系统是参与水循环过程最为强烈的社会水系统，其中的水循环及其伴生过程最直接参与并干预自然水循环及其伴生生境变化的各环节。因此，健康的水循环过程是促进水土健康发展的基础。唯有将灌区单元中社会水循环和谐地融入自然水循环过程，实现水循环的健康，才能保障灌区的健康发展。

2.3.3 生态经济学理论

生态经济学被认为是“可持续的科学和管理”，其研究主体是由生态系统和经济系统相互作用、相互交织、相互渗透而形成的具有一定结构和功能的复合系统，是将人类系统纳入生态系统之中，探讨人类系统与生态系统之间的相互关系的学科；是解决经济环境互相作用的新方法（Costanza，1991；Barbier，1994）。其本质是以经济学理论为指导，在生态经济这个复杂的系统中，找到生态与经济的平衡，实现生态经济效益，具有了生态经济效益也就达到了生态经济的相对平衡。

其核心内容一是揭示经济系统和生态系统的矛盾运动；二是突出人类经济社会活动与生态环境的协调和可持续发展；三是力求揭示经济、生态、社会和自然组成的大系统的内在联系和发展规律，探索内部各子系统之间和谐发展的途径。其中的三大核心生态经济系统、生态经济平衡和生态经济效益间存在着相互联系、相互制约的关系；生态经济系统作为经济活动的载体，其建立决定了生态经济系统运行动力的形成，推动了系统内物质循环和能量转换运动，从而产生了最终的生态效益。因此，追求合理生态效益的实质应是经济增长与生态环境协调发展的问题，判断其协调发展与否的标志包括：高效率、低能耗、持续稳定的发展；自然和社会结构合理、关系协调；保护提高生态环境质量，使其风险最小。

高效率、低能耗、持续稳定的发展是生态经济系统整体结构合理有序、功能持久高效、经济效益最佳的标志之一，即在物质和能量消耗低、投入少，对生态环境尽可能少地造成压力的前提下，保持高的生态生产力和社会生产力。

自然和社会结构合理、关系协调是评价生态经济系统结构与功能是否合理高效和生态经济效益能否提高的标志之一。其中的自然包括自然生态系统和自然资源的开发；社会指协调系统内局部与全局、眼前与长远、生产与生活、资源与环境等的关系。

保护提高生态环境质量，使其风险最小是衡量生态系统结构有序或优化的原则，也是衡量生态经济综合效益的标志之一。一定的生态环境质量既是生态经济系统的发展条件，也是人类赖以生存的保障。因此，健康的水循环系统实质上反映经济增长与生态环境系统协调发展的可靠程度，也是生态经济系统良性循环发展的必要条件。

尽管处于生态环境与经济系统的中间环节，灌区生态系统的核心是追求农产品产出的最大化，但应以生态环境健康良性发展为前提。考虑到现状，在高投入高产出的生产模式下，我国粮食实现长期的连续增长，农副产品类型丰富多样，但农田“人工–自然–社会”之间的平衡被打破，生态环境问题也随之增多。因此，综合可持续发展理念，在追求经济效益的同时，需要综合生态环境作用，以灌区生态系统健康为基础。

2.3.4 景观生态学理论

景观生态学是生态学分支，研究由许多不同生态系统所组成的整体（即景观）的空间结构、相互作用、协调功能及动态变化，强调空间异质性的维持与发展，生态系统之间的相互作用，大区域生物种群的保护与管理，环境资源的经营管理，以及人类对景观及其组分的影响。景观生态对维持自然系统的完整性以及空间的异质性至关重要。

灌区是生态系统的有机构成，也是景观生态建设中的一部分。随着生态环境建设和人们生活质量提高，生态灌区建设中应遵循景观生态的理念，因地制宜，各有侧重，以避免千村一面。在满足农业灌溉的基本属性，积极回应社会经济要素转型升级需要的同时，以区域景观生态理论为基础指导，结合新农村建设，服务乡村振兴，发挥农业经济综合效益的作用。

2.3.5 现代化发展理念

《中共中央关于制定国民经济和社会发展第十四个五年规划和二〇三五年远景目标的建议》中多次提及“现代化”一词，明确提出“到二〇三五年基本实现社会主义现代化远景目标”，指出“党的十九大对实现第二个百年奋斗目标作出分两个阶段推进的战略安排，即到二〇三五年基本实现社会主义现代化，到本世纪中叶把我国建成富强民主文明和谐美丽的社会主义现代化强国”。现代化成为新时代社会主义建设的主要特征。

农业现代化是新时代社会主义现代化建设的有机构成，在我国现阶段实施的“藏粮于地、藏粮于技”发展战略中，不仅要构建现代农业产业体系、生产体系、经营体系，而且要加强资源保护和生态修复，要推动现代农业绿色发展。现代化的发展理念贯穿农业发展的全过程。灌区作为农业的核心组成，是农业现代化的主力军，集中体现为生产条件的现代化、生产技术的现代化和农业生产组织管理的现代化智能化的多个环节。其中，现代化监测、计量和信息管理与智能化调控是现代灌区发展的最基本的前提条件。因此，遵循现代化理念，开展现代化生态灌区规划、监测、计量和智能化调控管理，是保障现代化生态灌区可持续发展的抓手。

总之，面对粮食安全与生态环境保护双重目标，寻求人类与生态系统对资源环境需要及作用因素间均衡发展，已成为新时代高质量发展的基本要求。灌区作为“人工-自然-社会”综合形成的半开放式复合系统，处于经济社会与生态系统的中间地位，肩负着维护自然生态和满足经济社会发展需求的双重任务。其开发利用在通过对水土资源的转化和农产品的流通转化满足基本粮食和农产品生产的同时，也影响着灌区内外生物与物质环境间、生物种群间的相互作用关系，进而影响区域生态功能的变化。鉴于此，唯有坚持可持续发展理念，严格遵循以生态可持续和健康水循环为基础，以经济可持续为条件，以社会可持续发展为目的的思想，综合现代化智能化技术手段，才可能实现灌区的绿色可持续发展，达到灌区综合效益最大化。

第3章 灌区水土资源均衡配置与健康评价理论方法

3.1 水土资源均衡配置的内涵

3.1.1 均衡的内涵

“均”，意为“平”“匀”，引申为“调和”；“衡”，泛指秤、衡器。“均衡”指衡器两端的重量相等。“均衡”一词最早出自《黄帝内经》的《素问·五常政大论》“升明之纪，正阳而治，德施周普，五化均衡。”在物理学中，“均衡”（Equilibrium）是指物体处于静止或进行匀速运动的状态。在社会生活中，“均衡”一词被赋予了西方自由哲学的主观价值概念，在各领域中有不同的表现。在经济学中，均衡是一个最为基础的概念，一般是指一个特定的经济单位或经济变量在各种经济力量的相互制约下所达到的一种相对静止、不再变化的状态。在自然资源领域中，体现为开发利用中占补平衡、取用平衡。综上可见，“均衡”的核心概念为“平衡”，表示一个系统内部各种力量之间的影响达到平衡，使系统处于一种相对稳定的状态。这种平衡状态有时表现为在数量上的绝对平衡，但更多时候表现为一种综合状态的相对平衡。

恩格斯在《反杜林论》中首次针对社会主义社会生产力，提出了均衡布局思想。其中均衡布局是指要因地制宜、根据实际情况最大限度利用当地各种资源，不仅有利于某种生产要素或某个产业的发展，更要兼顾其他生产要素和其他产业。纵观中华人民共和国成立以来的发展历程，中国的发展先后经历了生产力均衡布局发展、区域经济非均衡发展、区域经济协调与协同发展、城乡统筹发展等阶段（陆大道，2003）。2014年习近平总书记提出“空间均衡”的概念。这些具有原创性、时代性和中国特色的“均衡”或“非均衡”发展理念的最终目标是实现共同富裕，实现社会各要素之间更高级别的均衡状态。

自然资源作为经济产业发展中主要的驱动要素，如何合理利用使其与区域经济、社会、环境等均衡协调发展，实现人与自然、社会和谐共处，是未来发展的重大议题，也是实现人水和谐和可持续发展的基础性保障。水土资源作为人类社会发展过程中最为基本的生产要素和生态环境的基本构成要素，伴随着自然和社会驱动力的变化既相互支撑又相互影响制约。因此，水土资源的均衡利用成为区域经济、社会、环境等均衡协调发展的基础，更是灌区发展的刚性约束。

3.1.2 水土资源均衡配置的内涵

水土资源均衡配置是实现其均衡发展利用的重要手段。资源的稀缺性和有价性，决定了资源配置要将各种资源合理分配到经济生产和社会生活的过程中，在效率和公平中寻求平衡（邵青，2014）。水资源与土地资源的合理配置亦是如此。水资源和土地资源作为农业经济发展的基础性资源，是农业生产的核心要素，是决定国家粮食安全的刚性约束（潘宜等，2010；杨贵羽等，2010）。灌区作为以农业生产为核心相对独立的社会单元，关系着粮食的生产，也承载着生态的功能，其在发挥社会属性的同时也伴随着与自然生态系统的相互作用、互相影响。因此，灌区水土资源均衡配置处于实现区域生态环境与经济社会公平发展的核心环节，某一特定灌区系统的发展，应根据内部的水土资源时空分布特点，对有限水资源和土地资源在时空上进行合理安排和调整，在维持生产系统中各要素相对平衡的基础上，提高资源利用效率和效益，综合实现区域水土资源系统与经济社会系统、生态环境系统的协调与可持续发展。

灌区水土资源均衡配置具有区域性、动态性和综合性特点。其中，区域性是指要因地制宜，即应根据灌区所处系统水土资源禀赋及开发利用特点，有针对性地通过优化调控解决主要矛盾；动态性是指灌区水土资源配置中应考虑系统内部及与其他客体之间的相对平衡状态的动态变化性，通过优化调控方向将非均衡转向相对均衡，将相对低级的均衡协调转向更高级的均衡协调；综合性是指要系统考虑影响灌区生态系统中水土资源利用的多要素和多机制，从系统整体性角度出发对水土资源进行调控，进而得到兼顾全要素可持续发展的综合优化方案。

综合可见，灌区水土资源均衡配置的最终目标是针对水土状况（包括数量、质量），在空间上进行协调分配，保证区域间均衡、公平；在时间上保障年内和年际的合理利用；综合形成时空均衡协调发展的水土资源分配方式。具体表现如下。

1）提高农业水资源和土地资源之间的均衡匹配度

分析水资源与耕地资源的自然禀赋和开发利用情况，摸清二者之间的匹配程度，通过水资源供给侧调节，与严格限制区域居工地、合理调控农用土地资源开发过程的可能措施，如种植结构调整等相结合，实现灌区水土资源均衡状态的有效提升。

2）实现农业水土资源系统、经济社会系统、生态环境系统的均衡协调

协调农业水土资源系统、经济社会系统、生态环境系统三者之间的关系。在一定农业生产单元内，以水土资源高效利用为主要目标，统筹农村人口、经济发展，聚焦包括地下水位、河湖生境等灌区生态环境的基本约束，实现农业水土资源-经济社会-生态环境系统的协调可持续发展。

3）兼顾农业水土资源分配的空间均衡和时间均衡

通过优化配置以实现农业水土资源的空间均衡，如灌区（灌域）均衡、单元均衡等，同时考虑水土资源匹配的时间均衡，如水资源分配的月际均衡、年际均衡，以及长时间尺度的代际均衡等，保障有限水土资源的整体公平有序发展。

3.1.3 水土资源均衡配置的基本原则

在灌区水土资源均衡配置过程中，应该遵循如下主要原则。

（1）可持续发展原则。农业水土资源可持续发展是国家粮食安全的基础性保障，也是农业水土资源均衡配置需遵守的首要原则。目前，农业水土资源系统出现了诸多问题，如水资源开发利用率过高、灌溉水有效利用系数偏低、种植结构不合理、耕地盐碱化、地下水超采等。因此，在优化调控中要秉持可持续发展理念，通过配置调控充分保证农业水土资源系统的良性发展。

（2）公平性及高效性原则。农业水土资源的公平分配包括时间和空间两方面，其中空间尺度上涉及流域区域、灌区以及渠系等水平空间和地表、地下垂向空间；时间尺度上涉及月尺度、年际尺度以及中远规划期等。在协调农业水土资源配置的矛盾过程中，既要考虑不同尺度的空间均衡，又要保证各时段生态环境基本水需求，以及各行业水资源需求的满足。此外，在考虑公平的基础上，统筹考虑水土资源总体布局，尽可能追求单位水土资源的高效益，减少水土资源的浪费，实现农业水土资源高效利用。

（3）协调性原则。在农业水土资源复杂系统中，水资源和土地资源各组成要素在结构和功能上存在较大差异，应通过各要素之间的相互协调作用，将有限水资源与土地资源之间、自然系统和人工系统之间协同作用逐渐从无序发展为有序。

（4）总量控制原则。总量控制包括农业可利用水资源控制、农业用水总量控制、农业耗水总量控制、农业污染总量控制及耕地红线等。在水资源方面，应根据区域水资源特点，严格遵循农业可利用水量的限制，全面形成“量水发展、适水种植”，即通过水量约束，合理发展规模；通过调整种植结构，实现适水种植；在土地资源方面，坚守耕地红线和永久基本农田控制线，在“节水开源”等调配技术的支撑下，全面落实“藏粮于地、藏粮于技”，促进土地资源的合理开发，合理控制灌溉面积发展。

3.1.4 水土资源均衡配置的决策机制

灌区是一个以土地为基础，以沟渠人工水网形成的“取水—用水—耗水—排水—回用”循环系统为支撑的复杂生态系统。灌区水土资源具有多重属性，在自然和人类开发利用情况下，存在着众多不确定性。对其进行均衡配置并基于此的决策是一个复杂的风险决策过程。一方面要尽可能减少灌区渠系输配水过程感知的不确定性，另一方面又要降低水利工程运行过程中的决策风险，同时兼顾效率与效益。

因此，综合灌区水土资源特点，其均衡配置包括水土资源、社会、经济和生态环境四个方面的相对均衡，具体需以水土平衡决策机制为调控基础，在生态环境约束下，通过科学的调控过程，满足经济社会的合理需求。水土资源均衡决策机制中最基本要素如图 3-1 所示。

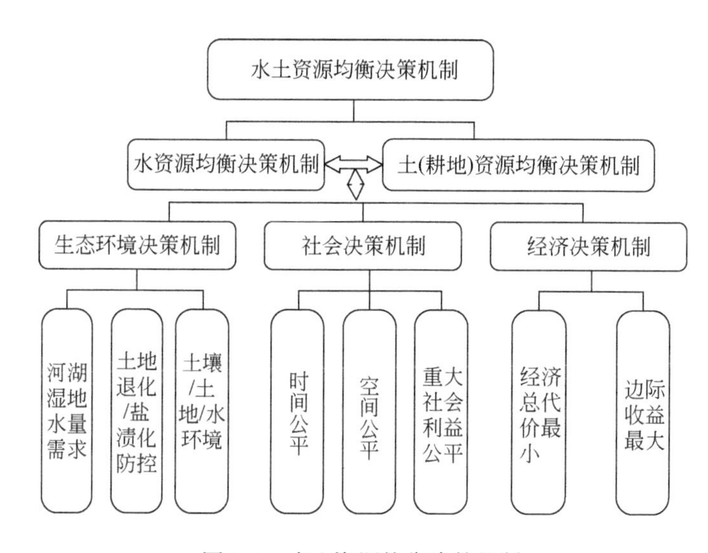

图 3-1　水土资源均衡决策机制

1）水土资源均衡决策机制

水土资源均衡决策机制包括土地资源均衡决策机制和水资源均衡决策机制两部分。土地资源均衡决策机制：随着经济社会和生态环境的不断变化，实现耕地供需平衡关乎资源、环境、食物等关键问题，因此寻求耕地供需平衡是水土资源调控的前提。考虑到耕地供需平衡与土地类型、农业生产方式、土壤肥力等因素息息相关，所以土地利用要严守耕地红线，加强耕地占补平衡管理，保证耕地资源的数量和质量。水资源均衡决策机制：基于水循环健康发展，首先应考虑灌区所在区域和灌区内不同用水单元的供需，用水量、耗水量和排水量之间的平衡，即分析不同水源对灌区与其他区域、灌区内不同用水单元、不同时段的供水与需水平衡；其次，考虑灌区地下水补排平衡，即地下水补给量（降水入渗、渠系渗漏补给量、田间渗漏补给量、山前侧向补给量等）和排泄量（地下水开采量、潜水蒸发量、排水沟排水量等）之间的平衡，以确定合理的用水比例。

2）社会决策机制

社会决策机制主要表现在水土资源的均衡分配以及重大社会利益的优先性。均衡分配主要包括空间（区域、灌域、不同用水单元甚至农户之间）和时间（用水时段上）的相对平衡。此外，对于灌区水土资源的合理调控，还需考虑重大社会利益问题，如在山前洪水易发地区，农业水资源管理的优先任务是防洪除涝；在盐渍化严重区域，水资源调控管理的首要任务应是合理控制水位，其次才是农业用水的合理配置等。

3）经济决策机制

经济决策机制表征了水土资源利用的高效性，体现在两个方面：一方面是应遵循社会总代价最小（社会净福利最大）原则，实现降低水资源需求与增大水资源供给二者之间的平衡；另一方面是应遵循边际成本替代准则，调整不同水平上抑制需求与增加供给的边际成本变化间的平衡（王浩和汪林，2004）。

4）生态环境决策机制

生态环境决策机制体现为水土资源均衡调控中生态环境的健康良性发展，主要体现为以下两点：一是整体生态环境状况应优于现状水平；二是满足生态环境保护所需要的最低要求。具体应依据灌区生态环境特点因地制宜制定，包括控制化肥、农药施用量，减少污水排放等农业污染防治，保证合理地下水位和河湖湿地基本规模的生态需水，防止土地退化，以及不断提高农业水土资源质量等。

3.2 灌区水土资源均衡配置模型

3.2.1 建模思路

水土资源供需之间的矛盾日趋尖锐，水资源作为农业利用的瓶颈因素决定着区域土地的利用方向。因此，农业水土资源均衡配置的实质是在特定农业生产系统中，对有限的水资源和耕地资源在时间和空间上的合理安排与优化布局，在实现区域水土资源利用效率、效益综合提升的同时，保障水土资源各要素的相对平衡，实现水土资源系统-社会经济系统-生态环境系统的协调发展。

在具体定量配置模型的构建中，应针对当前灌区水土资源匹配度不高、水资源刚性约束不强、灌溉水有效利用率偏低、耕地盐渍化严重等现实问题，以水资源约束下农业节水和生态环境良性发展为控制因子，按照“节水优先、以水定地、适水种植”的思路，构建均衡配置模型，在揭示现状配置格局存在问题的基础上，提出未来水土资源优化调控方案，为寻求区域生态环境改善、经济社会可持续发展和灌区社会健康稳定的水土资源合理调控提供方向。

灌区水土资源均衡配置模型具体构建思路（图 3-2）为：以量水发展下生态环境改善、经济社会可持续发展以及社会健康稳定为前提条件，通过地表水-地下水耦合配置模型，实现水土资源约束下的时空均衡可持续发展。

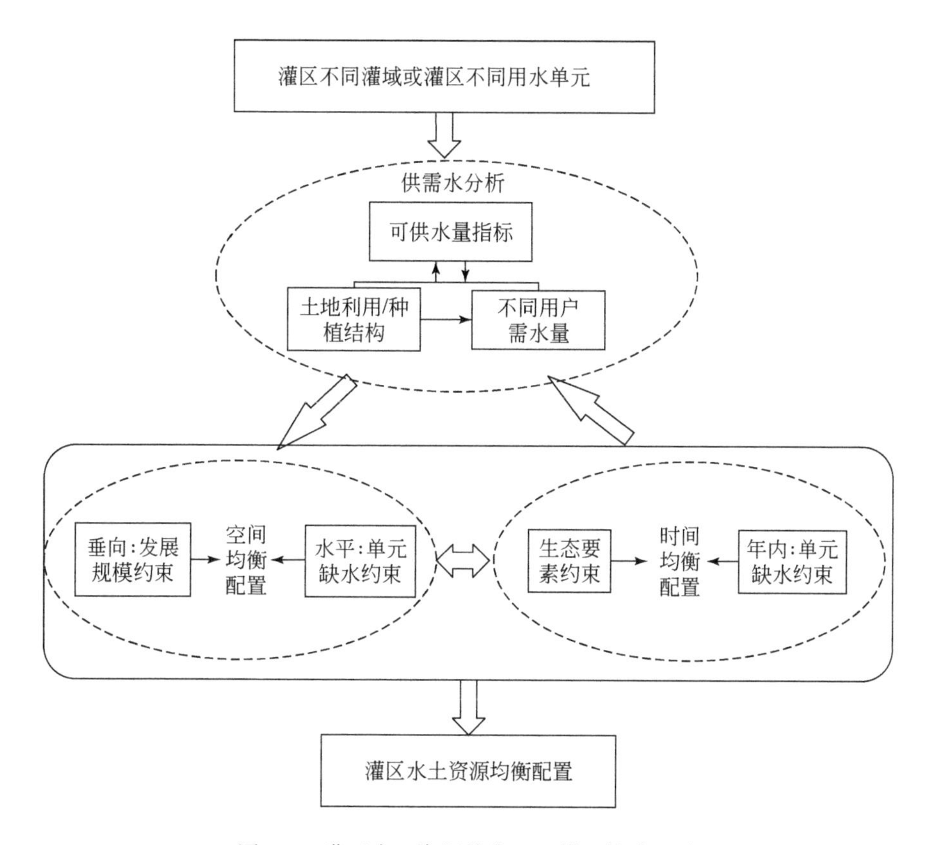

图 3-2　灌区水土资源均衡配置模型构建思路

空间均衡：包括水平和垂向均衡两部分。水平均衡：主要体现为区域用水单元间的平衡，一定程度上体现为现实的均衡，具体表现为灌区内各用水单元农业水土资源均衡度最大和缺水率最小且相对一致；垂向平衡：主要体现为代际的均衡，是生态系统与经济系统的均衡，具体表现为灌区内各用水单元地下水位处于不引起土壤退化和盐渍化的合理控制范围，湖泊湿地维持基本要求等生态要素约束下的规模等。

时间均衡：包括年际和年内尺度。年际均衡：体现为不同年代间供用水间的均衡匹配程度，即要保障年内的均衡配置不造成代际的不良影响。年内均衡：主要体现为灌区内部不同用水单元在农业用水周年过程中供需水关系的均衡匹配度程度；二者均体现为缺水率最小。

综合二者，联合配置模型与地下水数值模型/平衡模型可定量上实现保障生态安全、兼顾社会效益为前提的灌区各用水单元的时空间均衡分配，实现地下水和农业可供水分配量共同作用下“真实”用水总量约束，促进灌区“生态健康有调控–生产用水有保障–循环发展可持续”的协调发展。

3.2.2 模型的基本构成

灌区水土资源均衡配置模型由配置模型和地下水数值模拟模型耦合构成。采用时间优化、空间优化、地下水优化三层优化结构实现时空上的均衡配置。灌区水土资源均衡配置模型的基本构成包括数据准备模块、需水量计算模块、时间优化模块、空间优化模块、地下水优化模块和循环优化模块六部分。

1）数据准备模块

数据准备模块主要是准备均衡配置过程所需的基础数据，为运算提供数据支持。根据灌区用水管控的不同空间尺度，如河（渠）长管理的范围，划分最小计算单元 i（$i=1, 2, 3, \cdots, n$）。基于地下水位监测数据，获得配置优化前各计算单元初始地下水埋深 $h_{i,j-1}$（表示第 i 个计算单元第 j 配置时段优化前的地下水埋深）。采用遥感影像、无人机解译、统计资料和实地调查等方式获取各计算单元土地利用结构，对于农田进一步细分种植类型及其播种面积（$A_{i,j,k}$表示第 i 计算单元第 j 配置时段第 k 种作物的种植面积，若为居工地，j，k 均为零）。

2）需水量计算模块

需水量计算模块主要负责计算各单元不同配置时段灌区不同用水户需水量，是水资源年内优化分配的基础。其中，灌溉需水量是时空间优化的核心，采用作物系数法，综合考虑有效降水量、作物直接吸收利用地下水的量、灌溉水有效利用系数等计算获得。具体计算如下。

首先，采用作物系数法计算作物生长需水量：

$$\mathrm{ETc}_{i,j,k} = \mathrm{Kc}_k \times \mathrm{ET}_{0i,j} \tag{3-1}$$

式中，$\mathrm{ETc}_{i,j,k}$为作物生长需水量，mm；Kc_k为作物系数；$\mathrm{ET}_{0i,j}$为潜在蒸散量，mm，计算公式见 Li 等（2018）；i 为计算单元；j 为时段，可以为月、旬等；k 为作物类型。

然后，计算有效降水量和作物直接吸收地下水的量，得出单位面积作物的灌溉需水净定额，计算见式（3-2）~式（3-4）：

$$R_{i,j,k} = 666.67 \times (\mathrm{ETc}_{i,j,k} - G_{i,j,k} - \mathrm{Pe}_{i,j,k}) \tag{3-2}$$

$$\mathrm{Pe}_{i,j,k} = \min(P_{i,j}, \mathrm{ETc}_{i,j,k}) \tag{3-3}$$

$$G_{i,j,k} = f_{i,j,k}(h_{i,j-1}) \tag{3-4}$$

式中，$R_{i,j,k}$为灌溉需水净定额，m^3/亩；$\mathrm{Pe}_{i,j,k}$为有效降水量，mm；$G_{i,j,k}$为作物直接利用地下水的量，mm；$P_{i,j}$为降水量，mm。

最后，采用定额法，按照种植面积与灌溉需水净定额和灌溉水有效利用系数计算获得灌溉需水量。具体计算为

$$W_{i,j} = \sum_{k=1}^{q} \frac{A_{i,j,k} \times R_{i,j,k}}{\eta_{i,k}} \tag{3-5}$$

式中，$W_{i,j}$为灌溉需水量，m^3；$A_{i,j,k}$为作物种植面积，亩；$\eta_{i,k}$为灌溉水有效利用系数。

对于灌区内生活用水和工业用水：采用定额法直接计算。

3）时间优化模块

时间优化模块主要负责灌区水资源年内均衡优化分配：考虑生活和工业对水资源的刚性需求在年内变化并不明显，灌区水资源年内均衡优化重点为灌溉用水。对于灌溉用水的年内均衡优化分配分为以下三个步骤。

首先，根据灌区可利用水资源量，扣除工业和生活的刚性需求，可计算获得农业灌溉可用水量 I（以水定地中，灌溉可用水量可认为是总灌溉水量）；然后，根据不同时段灌区各用水单元灌溉需水量确定灌溉总需水量，并计算不同用水时段灌溉需水量占灌区灌溉总需水量之比 a_j（j=1，2，…，n）；最后，按照不同用水时段进行分配。分配过程区分为用水第一个供水时段和其他阶段，不同时段可用水量分别采用式（3-6）和式（3-7）计算。

$$I_1 = a_1 \times I \tag{3-6}$$

$$I_j = a_j \times \left(I - \sum_{1}^{j-1} I_y\right) (j = 2,\cdots,n) \tag{3-7}$$

式中，I_1 为第一时段灌溉可用水量，万 m^3；I 为灌区农业灌溉可用水量，万 m^3；a_1 为第一时段灌溉需水量与总灌溉需水量之比；a_j 为不同优化时段灌溉需水量占剩余时段灌溉需水总量之比；I_j为当前优化时段的农业灌溉可用水量，万 m^3。

4）空间优化模块

空间优化模块主要是调整优化灌区内用水单元间水量均衡，具体根据时间优化模块得出当前各时段可供水量，以各单元间缺水率方差最小和各计算单元累计缺水率平方和最小为目标函数，实现当前优化阶段各单元供需水的空间均衡分配。具体优化目标函数如下。

目标函数：

$$\min F_1 = \frac{1}{n}\sum_{i=1}^{n}\left\{\frac{[W_{i,j} - (\mathrm{IS}_{i,j} + \mathrm{IG}_{i,j})]}{W_{i,j}} - \frac{[W_j - (\mathrm{IS}_j + \mathrm{IG}_j)]}{W_j}\right\}^2 \tag{3-8}$$

$$\min F_2 = \sum_{i=1}^{n} \frac{[W_{i,j} - (\mathrm{IS}_{i,j} + \mathrm{IG}_{i,j})]}{W_{i,j}} \tag{3-9}$$

约束条件：各计算单元的灌溉水量不超过其需水量（$W_{i,j}$）；各干渠的地表水灌溉量不超过其最大引水能力。

$$\mathrm{IS}_{i,j} + \mathrm{IG}_{i,j} \leqslant W_{i,j} \tag{3-10}$$

$$\mathrm{IG}_{i,j} \leqslant \min(E_{i,j}, G_{i,j}) \tag{3-11}$$

$$\sum_{i=1}^{c} \mathrm{IS}_{i,j} \leqslant L_b \tag{3-12}$$

式中，$\mathrm{IS}_{i,j}$为农业灌溉的地表水可供水量，万 m^3；$\mathrm{IG}_{i,j}$为农业灌溉的地下水可供水量，万 m^3；$E_{i,j}$ 和 $G_{i,j}$ 分别为地下水取水能力和计算单元对应时段地下水最大开采量，万 m^3；L_b 为第 b 个干渠的时段最大引水能力，万 m^3；c 为该干渠供水单元的个数。

5）地下水优化模块

地下水优化模块是实现水资源配置时空间优化条件下地下水合理埋深的计算模块。具体将配置中空间优化结果作为上边界，以防止地下水超采和盐渍化水位为约束，通过合理调整地表水与地下水供水比例，实现用水区域地下水优化利用。

地下水优化目标：以地下水埋深偏离值合理埋深范围指标最小（即各地下水观测井处地下水埋深与合理地下水埋深差异距离的累计值 F_3）和位于合理地下水埋深区间的面积（F_4）最大为目标，具体目标函数和约束条件见式（3-13）和式（3-14）。

目标函数：

$$\min F_3 = \sum_{b=1}^{m} |H_{b,j} - H^*| \tag{3-13}$$

$$\max F_4 = \mathrm{CA}_j \tag{3-14}$$

约束条件：

$$H^* = \begin{cases} H^*_{\min} & H_{b,j} < H^*_{\min} \\ 0 & H^*_{\min} \leqslant H_{b,j} \leqslant H^*_{\max} \\ H^*_{\max} & H_{b,j} > H^*_{\max} \end{cases} \tag{3-15}$$

式中，$H_{b,j}$为 j 月的第 b 个监测井的地下水埋深，m；H^* 为生态地下水埋深的上限或下限，m；$H^*_{\max}$为生态地下水的最大埋深，m；$H^*_{\min}$为生态地下水的最小埋深，m；m 为地下水观测井个数；CA_j为第 j 月位于合理地下水埋深区间的面积，km^2。

6）循环优化模块

循环优化模块主要是实现不同时段水资源优化配置和地下水位优化循环迭代计算，支撑区域用水单元用水全周期均衡分配。

具体各模块间的关系见图 3-3。

3.3 现代化生态灌区健康评价指标体系与评价模型

现代化生态灌区健康评价是在特定的时间或空间范围内，对灌区这一复杂生态系统发展状况的科学度量。其目的是发现不同水土资源开发利用过程中的主要问题，追根溯源，通过调整合理的水土资源开发利用方式，指导灌区未来的健康、可持续发展。完整、科学的健康评价指标体系是将若干个有联系的指标结合起来，从多个层面综合反映灌区发展中的特征及变化规律，从而作为科学分析灌区生态健康状况的科学依据。

现代化生态灌区健康评价指标体系的构建是进行水-土-粮食-生态协同发展的现代化生态灌区综合评价的基础，贯穿生态灌区建设和运行的全过程。为此，充分考虑灌区特点，基于新时期现代化生态灌区内涵的认识和国内外灌区评价指标体系，以可持续发展为目标，综合水土资源变化及其伴生过程的生态环境效应和现代化支撑等方面构建现代化生态灌区健康评价指标体系。

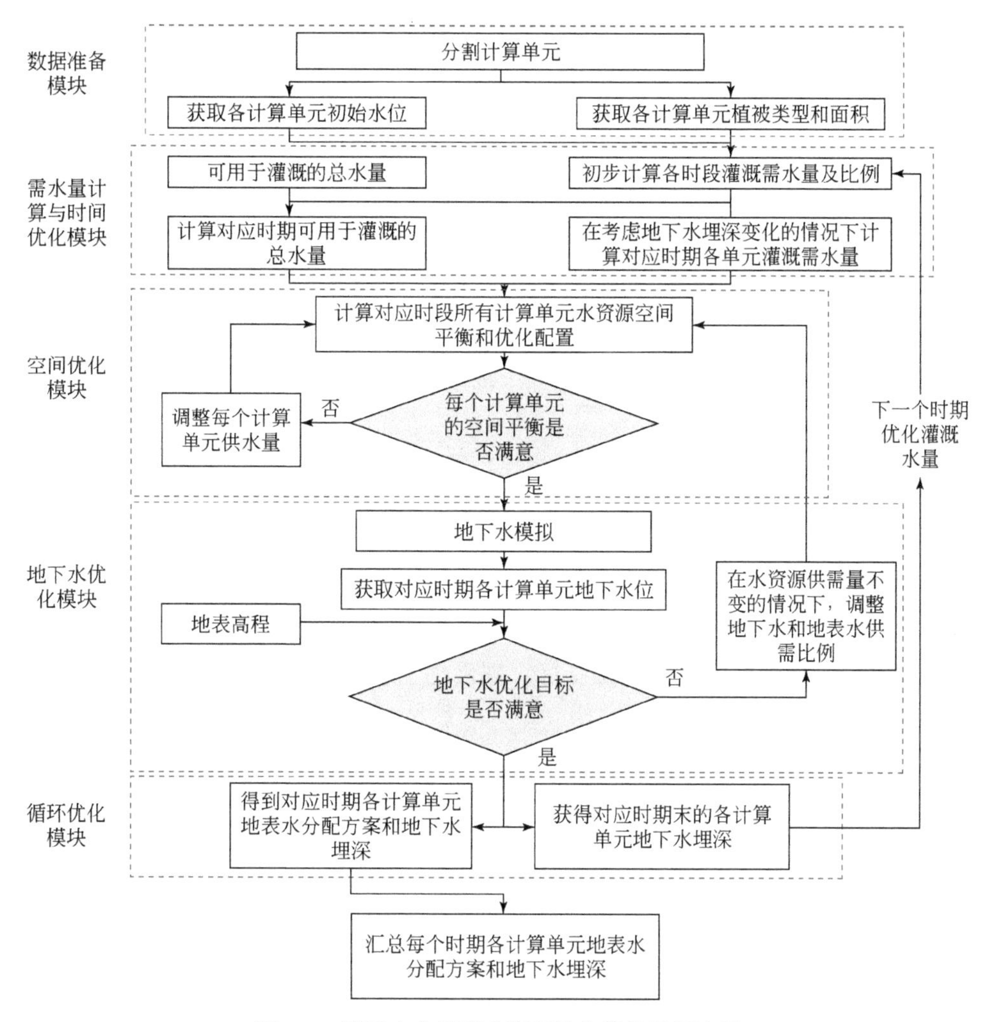

图 3-3　灌区农业灌溉水资源均衡优化配置流程

3.3.1　指标体系构建的原则

（1）科学性和客观性原则。以灌区自身条件为出发点，在充分认识灌区用水、生态环境状况以及运行管理等特点，以及充分反映现代化生态灌区内涵的基础上，进行指标的筛选和确定。指标的基本概念与逻辑严谨、名称规范、含义明确、测算方法标准，能客观反映评价对象的本质，确保评价的科学性。

（2）系统性与层次性原则。现代化生态灌区是以水土资源可持续和现代化理念为支撑因素的水土资源–生态环境–社会经济的复合系统，具有内部结构复杂、功能复合的多目标、多指标、多层次性，涉及社会、经济、资源和生态环境等方面，且相互联系、相互制约。建立的评价指标体系应充分反映现代化生态灌区建设的综合水平，且各指标间条理清楚；各层次指标之间既要相互衔接，又要界限分明，以全面系统反映现代化生态灌区的状况。

（3）代表性与实用性原则。针对现代化生态灌区建设的目的，选择能够反映真正问题的代表性指标，避免意义相近、重复的指标；同时指标的选取还应具有方向性、独立性和实效性，尽量简单明了，以保证评价工作的科学性和全面性。

（4）灵活性和可操作性。数据的可获取性是成果量化评价的制约因素。现代化生态灌区建设的影响因素众多，且兼具时空属性，所以数据的可获取性差异较大。为此，在指标的选择上应灵活考虑，兼顾指标数据的可获取性。

3.3.2 评价指标体系的构建

根据指标选取原则，采用频度统计分析法、相关性分析法、理论分析法和专家咨询法等，结合灌区的实际情况，以灌区生态健康状况为评价目标，选择适用于整个灌区、灌域或河长制管理的灌溉单元，经过多层次的筛选，初步确立了一套较为合理的现代化生态灌区健康评价指标体系，具体包括：灌区生态环境、灌区现代化水平、灌区生产效益及灌区可持续发展4个一级指标、43个二级指标。现代化生态灌区健康评价通用指标体系及各指标的含义见表3-1。

3.3.3 评价指标标准特征值

1. 评价指标标准特征值确定的依据

评价指标的等级标准是现代化生态灌区健康评价的关键，评价等级的合理性直接影响评价结果的科学性。对于生态灌区健康评价指标标准特征值，目前尚无明确统一的标准。通常评价等级标准制定应遵循五个原则：一是生态环境的服务功能不被损害；二是客观反映现状水平并利于促进发展；三是维护生态环境良性发展，不对人类的身体健康造成负面影响；四是能够通过合适的方法进行量化计算；五是标准值要遵循可持续发展，应高于背景值，具有先进性。基于以上原则，综合国家和地方的要求，确定现代化生态灌区健康评价指标标准特征值。各指标标准特征值选取的主要途径概括以下。

（1）国家、行业和地方最新版标准。国家标准如《地表水环境质量标准》（GB 3838—2002）、《农田灌溉水质标准》（GB 5804—2021）、《生产建设项目水土流失防治标准》（GB 50434—2018）、《灌区规划规范》（GB/T 50509—2009）、《节水灌溉工程技术标准》（GB/T 50363—2018）等。行业标准如《土壤墒情评价指标》（SL 568—2012）、《灌溉水利用率测定技术导则》（SL/Z 699—2015）等，还包括行业发布的环境评价规范。

表 3-1 现代化生态灌区健康评价通用指标体系

目标层	一级指标	二级指标	单位	含义	指标性质
现代化生态灌区健康评价	灌区生态环境	年均降水量	mm	某地区多年降水量总和除以年数所得平均值	+
		干旱指数		年蒸发能力和年降水量的比值	–
		地下水埋深	m	从地表面至地下水潜水面/承压水面的垂直距离	中间
		地下水可开采系数		评价期地下水开采量/多年平均可开采量	–
		灌区地表水水质		用于灌溉的地表水的水质级别	–
		灌区地下水水质		灌区范围内地下水的物理、化学和生物性质的总称，用水质级别表示	–
		土壤有机质含量	g/kg	单位体积土壤中含有的各种动植物残体与微生物及其分解合成的有机物质的数量	+
		土壤含盐量	g/kg	土壤中所含盐分的质量与干土质量的比值	–
		土壤含水率		土壤中水分的重量与相应土壤固相物质重量的比值	中间
		土壤综合肥力指数		存在于土壤中农作物必需营养元素的综合评价	+
		土壤侵蚀模数	$t/(km^2 \cdot a)$	单位面积和单位时段内的土壤侵蚀量	–
		灌区生物丰度指数		灌区内基于植物类型的自然或半自然生态系统的类型数，包括植物、动物和微生物的所有种群及其组成的群落和生态系统	+
	灌区现代化水平	水源工程供水保证率	%	工程预期供水量在多年供水中能够得到充分满足需水年数出现的概率	+
		灌区供水保证率	%	灌区内通过不同供水水源相互补充，利用各类水利工程所供给水量与总需水量之比	+
		灌溉工程配套率	%	灌区渠系和田间工程及配套设施建设（安装）长度（数量）与设计建设（安装）长度（数量）之比	+
		灌溉工程完好率	%	灌区渠系和田间工程及配套设施建设（安装）完好长度（数量）与设计建设（安装）长度（数量）之比	+
		灌溉用水计量率	%	农业灌溉用水中，有量水设施干支斗渠数占总干支斗渠总数量之比	+
		实际灌溉面积占比	%	评价时段内，实际正常灌溉面积所占比例，采用实际灌溉面积与有效灌溉面积二者之比确定	+
		高效节水灌溉面积占比	%	高效节水灌溉面积与灌区有效灌溉面积之比	+
		高标准农田占耕地面积之比	%	通过土地整治建设完成的集中连片、设施配套、高产稳产、生态良好、达到高标准农田要求的农田面积占耕地面积的比例	+
		生态排水沟建设程度	%	按照保持农田生物多样性、农田面源污染控制三道防线技术要求，实施生态治理的排水沟长度与排水沟总长度之比	+

续表

目标层	一级指标	二级指标	单位	含义	指标性质
现代化生态灌区健康评价	灌区现代化水平	信息采集的全面度	%	对水、土、工情以及相关生态环境等所涉及指标信息获取的全面性，用实际信息感知指标类型占应该监测指标类型总数的比例表示	+
		信息采集的覆盖度	%	灌区管理范围内，采用信息获取手段获取的水、土、工情以及相关生态环境信息所覆盖的控制区面积	+
		灌区的信息化程度		对现代信息技术进行充分利用的程度	+
		灌区土地集约化利用程度	%	种植大户或者农民用水协会管理的具有一定规模的集中管理的耕地面积与灌区耕地面积之比	+
		量水设施自动化率	%	农业灌溉用水中，具有自动化量水设施的干支斗渠数与总干支斗渠总数量之比，通过采用信息获取手段能够获得基本水、土、工情等基本监测信息的灌溉面积与灌区总灌溉面积之比确定	+
		取水自动化计量率	%	灌区不同级别渠道已实现自动化计量站点数量与灌区已设置计量站点总数量之比	+
		施肥设施的自动化率	%	灌区内自动化施肥、撒药的实施水平，采用自动化施肥设施所控制施肥面积占灌区实际灌溉面积的比例	+
		水费实收率	%	灌区每年实际征收的水费额与每年按水费标准应征收水费额的比值	+
		农业机械化率	%	农业生产中使用机器设备作业的数量占总作业量的比例	+
		从业人员的文化程度	%	从事灌区建设、运行维护人员中，具有不同学历人员占总人数的比例	+
	灌区生产效益	农田灌溉水有效利用系数		净灌溉用水量与毛灌溉用水量之比	+
		亩均灌溉用水达标率	m^3	典型作物实际灌溉面积亩均用水量满足相应灌溉用水定额的程度或红线考核定额的程度	+
		农业单方水产值	元/m^3	评价时段内农业产值与用水量之比	+
		农业土地生产力		平均每单位土地面积上收获农作物产品数量，反映土地生长能力和农业生产水平的指标	+
		水分生产率	kg/m^3	作物产量与作物全育期耗水量之比	+
	灌区可持续发展	水资源开发利用率	%	灌区内现状用水量与水资源量的比值	−
		用水总量控制程度	%	现状农业用水量与水行政主管部门下达的计划用水总量控制指标之比	−
		退水水质达标率	%	退水水质级别与水功能区水质基本要求之比	+
		农产品农药化肥检测合格率	%	取样产品检测合格的数量与全部取样产品数量之比	+
		化肥施用强度（折纯）	kg/hm^2	单位面积上所施肥的质量，采用国际通用的 GLASOD 计算	−
		农药施用强度	kg/hm^2	单位面积上喷洒农药的质量	−
		种植区测土配方覆盖率	%	农业灌溉用水量和有效灌溉面积之间的空间错配指数	+

注：指标性质“+”表示正向指标，“−”表示指逆向指标，“中间”表示越趋于中间值越优

（2）国家、地方制定的发展计划。各项指标的发展目标，可以作为制定评价指标体系标准的依据，如《全国高标准农田建设规划（2021—2030年）》《“十四五”大型灌区续建配套与现代化改造规划（编制指南）》《数字孪生灌区先行先试建设设施方案（编制大纲）》《宁夏引黄现代化生态灌区规划》等。

（3）国外标准。国际上对生态环境的评价起步相对较早，可以选取和我国实际情况相适应的评价标准作为参考。

（4）经过科学研究确定的指标标准。通过已有研究成果的分析，确定可作为评价标准的指标值。

2. 评价指标标准与特征值建立

根据现状或最近一个完整调查统计年度状况对各项指标进行评价。按照现代化生态灌区健康发展状况，将生态灌区健康等级划分为：很健康（Ⅰ级）、健康（Ⅱ级）、亚健康（Ⅲ级）、不健康（Ⅳ级）、病态（Ⅴ级）5个级别。对应的指标标准特征值依据3.3.3节确定原则和数据来源，并综合对当地灌区十分熟悉的多位专家的意见后研究确定，现代化生态灌区的健康评价通用指标体系及标准特征值见表3-2。

3.3.4 评价模型

评价模型是实现现代化生态灌区生态健康评价的工具。目前较为常用的评价方法有Topsis法、熵权法、模糊模式识别模型法和可变模糊评价法等。

1. Topsis法

Topsis法是系统工程有限方案多目标决策分析的一种常用方法，可用于效益评价、决策、管理多个领域。其基本思想是：基于归一化后的原始数据矩阵，找出有限方案中最优解和最劣解（分别用最优向量和最劣向量表示），然后分别计算出评价对象与最优向量和最劣向量的距离，获得各评价对象与最优向量的相对接近程度，以此作为评价优劣的依据。

具体方法为：设有n个评价对象、m个评价指标，原始数据可写为矩阵$\boldsymbol{X}=(X_{ij})_{n\times m}$。对正向指标、逆向指标分别进行归一化变换，即

正向指标：
$$Z_{ij}=\frac{X_{ij}}{\sqrt{\sum_{i=1}^{n}X_{ij}^{2}}} \tag{3-16}$$

逆向指标：
$$Z_{ij}=\frac{1/X_{ij}}{\sqrt{\sum_{i=1}^{n}(1/X_{ij})^{2}}} \tag{3-17}$$

表 3-2　现代化生态灌区健康评价通用指标体系及标准特征值

一级指标	二级指标	单位	很健康	健康	亚健康	不健康	病态
			Ⅰ级（4 分）	Ⅱ级（3 分）	Ⅲ级（2 分）	Ⅳ级（1 分）	Ⅴ级（0 分）
灌区生态环境	年均降水量	mm	>1500	(800, 1500]	(500, 800]	(300, 500]	≤300
	干旱指数		[1.0, 1.65)	[0.5, 1.00)	[0.2, 0.5)	[0.05, 0.20)	<0.05 或≥1.65
	地下水埋深	m	[2.4, 2.6]	[2, 2.4) 或 (2.6, 2.8]	[1.6, 2) 或 (2.8, 3]	[1.2, 1.6) 或 (3, 3.2]	<1.2 或>3.2
	地下水可开采系数		<0.25	(0.25, 0.5]	(0.5, 0.75]	(0.75, 1.0]	>1.0
	灌区地表水水质		<0.15	[0.15, 0.5)	[0.5, 1.5)	[1.5, 2)	≥2
	灌区地下水水质		<0.15	[0.15, 0.5)	[0.5, 1.5)	[1.5, 2)	≥2
	土壤有机质含量	g/kg	≥40	[30, 40)	[20, 30)	[10, 20)	<10
	土壤含盐量	g/kg	<0.694	[0.694, 0.91)	[0.91, 1.16)	[1.16, 1.937)	≥1.937
	土壤含水率		75% 田间持水量	—	—	—	凋萎点
	土壤综合肥力指数		5	4	3	2	1
	土壤侵蚀模数	t/(km² · a)	≤1000	(1000, 2000]	(2000, 4500]	(4500, 7000]	>7000
	灌区生物丰度指数（不同区域采用不同标准）		≥0.8	(0.8, 0.6]	(0.6, 0.4]	(0.4, 0.2]	<0.2
灌区现代化水平	水源工程供水保障率	%	≥95	[85, 95)	[80, 85)	[75, 80)	<75
	灌区供水保证率	%	≥90	[85, 90)	[80, 85)	[75, 80)	<75
	灌溉工程配套率	%	≥75	[70, 75)	[60, 70)	[55, 60)	<55
	灌溉工程完好率	%	≥90	[85, 90)	[80, 85)	[75, 80)	<75
	灌溉用水计量率	%	≥85	[80, 85)	[75, 80)	[70, 75)	<70
	实际灌溉面积占比	%	≥100	[80, 100)	[40, 80)	[25, 40)	<25
	高效节水灌溉面积占比	%	≥20	[13, 20)	[5, 13)	[1, 5)	<1
	高标准农田占耕地面积之比	%	≥80	[60, 80)	[40, 60)	[20, 40)	<20
	生态排水沟建设程度	%	≥70	[50, 70)	[30, 50)	[10, 30)	<10

续表

一级指标	二级指标	单位	很健康	健康	亚健康	不健康	病态
			Ⅰ级（4分）	Ⅱ级（3分）	Ⅲ级（2分）	Ⅳ级（1分）	Ⅴ级（0分）
灌区现代化水平	信息采集的全面度	%	≥80	[70，80）	[60，70）	[50，60）	<50
	信息采集的覆盖度	%	≥90	[80，90）	[70，80）	[60，70）	<60
	灌区的信息化程度		5	4	3	2	1
	灌区土地集约化利用程度	%	≥90	[80，90）	[70，80）	[60，70）	<60
	取水自动化计量率	%	≥85	[80，85）	[75，80）	[70，75）	<70
	量水设施自动化率	%	≥85	[80，85）	[75，80）	[70，75）	<70
	施肥设施的自动化率	%	≥75	[65，75）	[55，65）	[45，55）	<45
	水费实收率	%	≥90	[80，90）	[70，80）	[60，70）	<60
	农业机械化率	%	≥90	[80，90）	[70，80）	[60，70）	<60
	从业人员的文化程度	%	本科以上占≥45	本科占比[30，45）	本科占比<[10，30）；高中占比>30	本科占比<10；高中占比>20	本科占比<10；高中占比<20
灌区生产效益	农田灌溉水有效利用系数		≥0.7	[0.6，0.7）	[0.5，0.6）	[0.45，0.5）	<0.45
	亩均灌溉用水达标率	%	100	[90，100）	[85，90）	[75，85）	<75
	农业单方水产值	元/m³	≥4.43	[3.77，4.43）	[2.93，3.77）	[1.87，2.93）	<1.87
	农业土地生产力		≥7500	[4500，7500）	[3000，4500）	[1500，3000）	<1500
	水分生产率	kg/m³	≥3	[2.5，3）	[2，2.5）	[1.5，2）	<1.5
灌区可持续发展	水资源开发利用率	%	≤40	—	—	—	>70
	用水总量控制程度	%	达标	—	—	—	不达标
	退水水质达标率	%	100	[90，100）	[80，90）	[70，80）	<70
	农产品农药化肥检测合格率	%	100	[95，100）	[85，95）	[75，85）	<75
	化肥施用强度（折纯）	kg/hm²	<1500	[1500，2000）	[2000，2500）	[2500，3000）	≥3000
	农药施用强度	kg/hm²	<3	[3，5）	[5，10）	[10，15）	≥15
	种植区测土配方覆盖率	%	>85	[75，85）	[65，75）	[45，65）	<45

中间指标标准化公式具体如下：

$$Z_{ij}=1-\frac{|X_{ij}-X_0|}{(X_{max}-X_{min})} \tag{3-18}$$

式中，X_0 为中间指标的最佳值；X_{max}为指标实际最大值；X_{min}为指标实际最小值。
归一化得到矩阵 $\mathbf{Z}=(Z_{ij})_{n\times m}$，其各列最大、最小值构成的最优、最劣向量分别记为

$$\mathbf{Z}^+=(Z_{max1},Z_{max2},\cdots,Z_{maxm}) \tag{3-19}$$

和

$$\mathbf{Z}^-=(Z_{min1},Z_{min2},\cdots,Z_{minm}) \tag{3-20}$$

第 i 个评价对象与最优、最劣方案的距离分别为

$$D_i^+=\sqrt{\sum_{j=1}^{m}(Z_{maxj}-Z_{ij})^2} \tag{3-21}$$

和

$$D_i^-=\sqrt{\sum_{j=1}^{m}(Z_{minj}-Z_{ij})^2} \tag{3-22}$$

第 i 个评价对象与最优方案的接近程度 C_i 为

$$C_i=D_i^-/(D_i^++D_i^-) \tag{3-23}$$

式中，C_i 为各个评价对象的最终评价值。C_i 越大，评价结果越优。

2. 熵权法

熵权法综合考虑各因素提供的信息量，采用数学方法计算出综合指标，根据各指标传递给决策者的信息量的大小来确定权重的客观综合评价法。一个指标在各个研究对象中的差异越大，其包含的信息就越多，其熵就越小，对该指标分配的权重就越大，表明其对评估结果的影响作用越大。熵权法的计算步骤如下。

（1）确定决策矩阵。

决策矩阵为 m 个研究对象的 n 项评价指标的原始数据矩阵 $\boldsymbol{X}=\{x_{ij}\}_{m\times n}$，$i=1，2，\cdots，m$；$j=1，2，\cdots，n$。对正向指标、逆向指标分别进行两级标准化处理，即

正向指标：
$$x'_{ij}=\frac{x_{ij}-\min x_j}{\max x_j-\min x_j} \tag{3-24}$$

逆向指标：
$$x'_{ij}=\frac{\max x_j-x_{ij}}{\max x_j-\min x_j} \tag{3-25}$$

经处理得到标准化矩阵 $\boldsymbol{X}'=\{x'_{ij}\}_{m\times n}$。$x'_{ij}$ 的值差别越大，评价指标 j 的熵越小。

（2）指标 j 下各研究对象的特征比值 s_{ij} 为

$$s_{ij}=\frac{x'_{ij}}{\sum_{i=1}^{m}x'_{ij}} \tag{3-26}$$

式中，$0 \leqslant s_{ij} \leqslant 1$。

（3）计算指标 j 的熵值 e_j：

$$e_j = -\frac{\sum_{i=1}^{m} s_{ij} \ln s_{ij}}{\ln m} \tag{3-27}$$

式中，当 $s_{ij}=0$ 或 1 时，$s_{ij}\ln(s_{ij})$ 为 0。

（4）确定指标 j 的熵权：

$$w_j = \frac{d_j}{\sum_{j=1}^{n} d_j} \tag{3-28}$$

式中，$d_j = 1 - e_j$，d_j 为指标差异性系数，其值越大表明指标权重越大。

（5）确定研究对象 i 的评价值。

将 n 项指标的熵权与第 i 个研究对象的标准化指标值对应相乘并求和，计算得出第 i 个研究对象的评价值，评价值越大表明评价结果越优。

3. 模糊模式识别模型法

模糊集合，是对物质系统、现象、概念在演化过程中的中介性、亦此亦彼性或者模糊性的科学描述（Zadeh，1965），并由此发展了一门新的数学分支学科——模糊集合论或模糊数学。基于此，1994 年陈守煜提出模糊性的概念：模糊性是指客观事物、概念处于共维条件下的差异在中介过渡时所呈现的亦此亦彼性，并构建了模糊模式识别模型、模糊优选模型以及可变模糊评价法等，并成功应用于各研究领域的评价问题中。该类方法的优点在于，不仅能对不同样本进行优劣的排序，还能获得各个样本对于优的隶属程度。以下从两方面简要介绍模糊模式识别模型法。

1）相对隶属度

模糊集合论用隶属度来描述中介过渡，是以精确的数学语言对模糊性的一种表述。陈守煜（1993）就相对隶属度提出如下定义：设论域 U 上的一个模糊子集 $\underset{\sim}{A}$，分别赋给 $\underset{\sim}{A}$ 处于共维差异的中介过渡段的两个极点以 0 与 1 的数，在 0 到 1 的数轴上构成一个［0，1］闭区间数的连续统。设在该连续统的数轴上建立参考系，使其中的任两个点定为参考系坐标上的两极，赋给参考系的两极以 0 和 1 的数，并构成参考系［0，1］数轴上的参考连续统。对任意 $u \in U$，在参考连续统上指定了一个数 $\mu_{\underset{\sim}{A}}(u)$，称为 u 对 $\underset{\sim}{A}$ 的相对隶属度。

$$\mu_{\underset{\sim}{A}}(u): U \rightarrow [0,1]$$

$$u \mapsto \mu_{\underset{\sim}{A}}(u)$$

$\mu_{\underset{\sim}{A}}(u)$ 称为 $\underset{\sim}{A}$ 的相对隶属函数，反映了各指标对各评价级别的相对隶属关系。

U 中的任一元素 u 的对立模糊属性为 $\underset{\sim}{A}$（吸引）与 $\underset{\sim}{A}^c$（排斥），u 在连续统确定的一对

对立测度值 $\mu_{\underset{\sim}{A}}(u)$ 和 $\mu_{\underset{\sim}{A}^c}(u)$ 即其相对隶属度，它反映了各指标对各评价级别的相对隶属程度，且 $\mu_{\underset{\sim}{A}}(u)+\mu_{\underset{\sim}{A}^c}(u)=1$。

2）模糊模式识别模型

设需要对模糊概念或模糊子集 $\underset{\sim}{A}$ 进行识别的 n 个样本组成的集合，有 m 个指标特征值表示样本的整体特征，有样本集的指标特征值矩阵为

$$\boldsymbol{X}=(x_{ij})_{m\times n}=\begin{bmatrix} x_{11} & x_{12} & \cdots & x_{1n} \\ x_{21} & x_{22} & \cdots & x_{2n} \\ \cdots & \cdots & \cdots & \cdots \\ x_{m1} & x_{m2} & \cdots & x_{mn} \end{bmatrix} \tag{3-29}$$

式中，x_{ij} 为样本 j 指标 i 的特征值；$i=1,\ 2,\ \cdots,\ m$；$j=1,\ 2,\ \cdots,\ n$。

如样本集依据 m 个指标按 c 个级别（或状态）的已知指标标准特征值进行识别，则有指标标准特征值矩阵：

$$\boldsymbol{Y}=(y_{ih})=\begin{bmatrix} y_{11} & y_{12} & \cdots & y_{1c} \\ y_{21} & y_{22} & \cdots & y_{2c} \\ \cdots & \cdots & \cdots & \cdots \\ y_{m1} & y_{m2} & \cdots & y_{mc} \end{bmatrix} \tag{3-30}$$

式中，y_{ih} 为级别 h 指标 i 的标准特征值；$i=1,\ 2,\ \cdots,\ m$，$h=1,\ 2,\ \cdots,\ c$。

通常指标分递减型和递增型两类。

对递增型指标（即随着指标实际值的增大，其表现的评判程度越好），则指标对 $\underset{\sim}{A}$ 的相对隶属度（隶属函数）为

$$r_{ij}=\begin{cases} 0 & x_{ij}\leqslant y_{ic} \\ \dfrac{x_{ij}-y_{ic}}{y_{i1}-y_{ic}} & y_{i1}>x_{ij}>y_{ic} \\ 1 & x_{ij}\geqslant y_{i1} \end{cases} \tag{3-31}$$

h 级指标 i 的标准特征值对 $\underset{\sim}{A}$ 的相对隶属度（隶属函数）为

$$S_{ih}=\begin{cases} 0 & y_{ih}\leqslant y_{ic} \\ \dfrac{y_{ih}-y_{ic}}{y_{i1}-y_{ic}} & y_{i1}>y_{ih}>y_{ic} \\ 1 & y_{ih}\geqslant y_{i1} \end{cases} \tag{3-32}$$

对递减型指标（即随指标实际值增大，其表现的评判程度越差），则指标对 $\underset{\sim}{A}$ 的相对隶属度（隶属函数）为

$$r_{ij}=\begin{cases}0 & x_{ij}\geqslant y_{ic}\\ \dfrac{y_{ic}-x_{ij}}{y_{ic}-y_{i1}} & y_{i1}<x_{ij}<y_{ic}\\ 1 & x_{ij}\leqslant y_{i1}\end{cases} \tag{3-33}$$

h 级指标 i 的标准特征值对 $\underset{\sim}{A}$ 的相对隶属度（隶属函数）为

$$S_{ih}=\begin{cases}0 & y_{ih}\geqslant y_{ic}\\ \dfrac{y_{ic}-y_{ih}}{y_{ic}-y_{i1}} & y_{i1}<y_{ih}<y_{ic}\\ 1 & y_{ih}\leqslant y_{i1}\end{cases} \tag{3-34}$$

依据上述各式，分别把指标标准特征值矩阵变化为指标标准特征值相对隶属度矩阵。

$$\boldsymbol{R}=(r_{ij})=\begin{bmatrix} r_{11} & r_{12} & \cdots & r_{1n}\\ r_{21} & r_{22} & \cdots & r_{2n}\\ \cdots & \cdots & \cdots & \cdots\\ r_{m1} & r_{m2} & \cdots & r_{mn}\end{bmatrix} \tag{3-35}$$

$$\boldsymbol{S}=(s_{ih})=\begin{bmatrix} s_{11} & s_{12} & \cdots & s_{1c}\\ s_{21} & s_{22} & \cdots & s_{2c}\\ \cdots & \cdots & \cdots & \cdots\\ s_{m1} & s_{m2} & \cdots & s_{mc}\end{bmatrix} \tag{3-36}$$

设样本集对 $\underset{\sim}{A}$ 各个级别的相对隶属度矩阵为

$$\boldsymbol{U}=(u_{hj})=\begin{bmatrix} u_{11} & u_{12} & \cdots & u_{1n}\\ u_{21} & u_{22} & \cdots & u_{2n}\\ \cdots & \cdots & \cdots & \cdots\\ u_{c1} & u_{c2} & \cdots & u_{cn}\end{bmatrix} \tag{3-37}$$

式中，u_{hj} 为样本 j 对 $\underset{\sim}{A}$ 级别 h 的相对隶属度；$h=1, 2, \cdots, c$；$j=1, 2, \cdots, n$。

$$u_{hj}=\begin{cases}0 & h<a_j \text{ 或 } h>b_j\\ \dfrac{1}{\displaystyle\sum_{k=a_j}^{b_j}\left\{\dfrac{\sum_{i=1}^{m}[w_i(r_{ij}-s_{ih})]^P}{\sum_{i=1}^{m}[w_i(r_{ij}-s_{ik})]^P}\right\}^{\frac{2}{P}}} & a_j\leqslant h\leqslant b_j, d_{hj}\neq 0\\ 1 & d_{hj}=0\end{cases} \tag{3-38}$$

式中，a_j 和 b_j 为样本 j 所在的级别区间；w_i 为指标 i 的权重；P 为距离参数，$P=1$ 为海明距离，$P=2$ 为欧式距离；$d_{hj}=\left\{\sum_{i=1}^{m}\left[w_i(r_{ij}-s_{ih})\right]^P\right\}^{(\frac{1}{p})}$ 。

最终，计算级别特征值 H：

$$H=\sum_{h=1}^{c}(u_{hj}\cdot h) \tag{3-39}$$

通过级别特征值确定评价对象隶属级别。

4. 可变模糊评价法

模糊可变集合定义包括多种，其实质即一个模糊概念（事物、现象）A，对 U 中的任意元素 u（$u\in U$），在相对隶属函数的连续统数轴任一点上，u 对表示吸引性质 $\underset{\sim}{A}$ 的相对隶属度 $\mu_{\underset{\sim}{A}}(u)$ 和对表示排斥性质 $\underset{\sim}{A}_c$ 的相对隶属度 $\mu_{\underset{\sim}{A}^c}(u)$ 之间的相对差异度。通过确定相对差异函数模型，进而计算相对隶属度，通过归一化处理得到综合相对隶属度矩阵；由于模糊概念在分级条件下最大相对隶属度原则的不适用性，应用级别特征值进行样本等级评价。

1）相对差异函数模型的确定

设 M 为吸引（为主）域区间［a，b］中的点值 $D_{\underset{\sim}{A}}(u)=1$，按物理分析确定，$M$ 不一定是区间［a，b］的中点值。x 为 X 区间内的任意点的量值，则 x 落入 M 点左侧时的相对差异函数模型为

$$\begin{cases}D_{\underset{\sim}{A}}(u)=\left[\dfrac{x-a}{M-a}\right]^{\beta};\ x\in[a,M]\\[2ex] D_{\underset{\sim}{A}}(u)=\left[\dfrac{x-a}{c-a}\right]^{\beta};\ x\in[c,a]\end{cases} \tag{3-40}$$

x 落入 M 点右侧时的相对差异函数模型为

$$\begin{cases}D_{\underset{\sim}{A}}(u)=\left[\dfrac{x-b}{M-b}\right]^{\beta};x\in[M,b]\\[2ex] D_{\underset{\sim}{A}}(u)=\left[\dfrac{x-b}{d-b}\right]^{\beta};x\in[b,d]\end{cases} \tag{3-41}$$

$$D_{\underset{\sim}{A}}(u)=-1;\ x\notin(c,d) \tag{3-42}$$

$$\mu_{\underset{\sim}{A}}(u)=[1+D_{\underset{\sim}{A}}(u)]/2 \tag{3-43}$$

式中，β 为非负指数，通常可取 β 为 1，即相对差异函数模型为线性函数，①当 $x=a$、$x=b$ 时，$D_{\underset{\sim}{A}}(u)=0$；②当 $x=M$ 时，$D_{\underset{\sim}{A}}(u)=1$；③当 $x=c$、$x=d$ 时，$D_{\underset{\sim}{A}}(u)=-1$。$D_{\underset{\sim}{A}}(\mu)$ 确定以后，根据式（3-43）可求解相对隶属度 $\mu_{\underset{\sim}{A}}(u)$ 。

2）可变模糊评价模型

设样本集的指标（或目标）特征值矩阵 $\boldsymbol{X}=(x_{ij})_{m\times n}$ ，其中 x_{ij} 为样本 j 指标 i 的特征值

($i=1, 2, \cdots, m$; $j=1, 2, \cdots, n$)。如样本集依据 m 个指标按 c 个级别（或状态）的已知指标标准特征值进行识别，则有指标标准特征值矩阵 $\boldsymbol{Y}=(y_{ih})_{m\times c}$，其中 y_{ih} 为级别 h 指标 i 的标准特征值（$h=1, 2, \cdots, c$）。

参照指标标准特征值矩阵确定可变集合的吸引（为主）域矩阵与范围域矩阵：

$$\boldsymbol{I}_{ab}=[a_{ih}, b_{ih}] \tag{3-44}$$

$$\boldsymbol{I}_{cd}=[c_{ih}, d_{ih}] \tag{3-45}$$

根据现代化生态灌区健康评价指标的 c 个级别确定吸引（为主）域 $[a_{ih}, b_{ih}]$ 中 $D_{\underset{\sim}{A}}(x_{ij})_h=1$ 的点值 M_{ih} 的矩阵：

$$\boldsymbol{M}=(M_{ih}) \tag{3-46}$$

判断样本特征值 x_{ij} 在 M_{ih} 点的左侧还是右侧，计算差异度 $D_{\underset{\sim}{A}}(x_{ij})_h$，并计算指标对 h 级的相对隶属度 $\mu_{\underset{\sim}{A}}(x_{ij})_h$ 的矩阵：

$$[\boldsymbol{U}_h]=[\mu_{\underset{\sim}{A}}(x_{ij})_h] \tag{3-47}$$

由式（3-47）可得到非归一化的综合相对隶属度矩阵：

$$\boldsymbol{U}'=(\mu'_{hj}) \tag{3-48}$$

将式（3-48）归一化处理得到综合相对隶属度矩阵：

$$\boldsymbol{U}=(\mu_{hj}) \tag{3-49}$$

式中，

$$\mu_{hj}=\mu'_{hj}/\sum_{h=1}^{c}\mu'_{hj} \tag{3-50}$$

由于模糊概念在分级条件下最大隶属度原则的不适用性，应用级别特征值对样本进行评价，样本 j 的级别特征值的计算公式为

$$H=(1,2,\cdots,c)\circ\boldsymbol{U}_j^{\mathrm{T}} \tag{3-51}$$

式中，$\boldsymbol{U}_j^{\mathrm{T}}$ 为 $\boldsymbol{U}_j$ 的转置。

5. 组合评价方法

在对同一样本进行组合评价时，由于各种单一评价方法的评价角度均不同，运用不同的评价方法其评价结果总存在一定的差异，且较为片面，客观性和可靠性较差，而组合评价可以有效地克服单一评价模型所带来的结果不一致性。因此，本研究在以上单一评价方法的基础上，提出组合评价方法。

考虑到由于人为决策的不确定性、方法结构及信息选用的差异性，对同样的评价对象也会得到不同的评价结果，即“多方法评价结论非一致性”问题。基于此，“组合”的思想便逐渐被学界所接受并认可。组合评价方法，就是将不同的评价方法进行适当组合，综合利用各种方法所提供的信息，从而尽可能地提高评价水平和精度。在保证评价方法正确性和适用性的前提下，采用组合评价方法，可减少单一评价方法产生的偏差，有利于提高

评价结果的客观性，使评价结果更加符合实际。

本研究采用组合评价的目的是避免人为介入，通过选定组合模型来确定各评价方法权重值，保证每种评价方法在组合模型面前是“公平竞争”，提高最终组合评价值的准确性。具体评价思路见图 3-4。

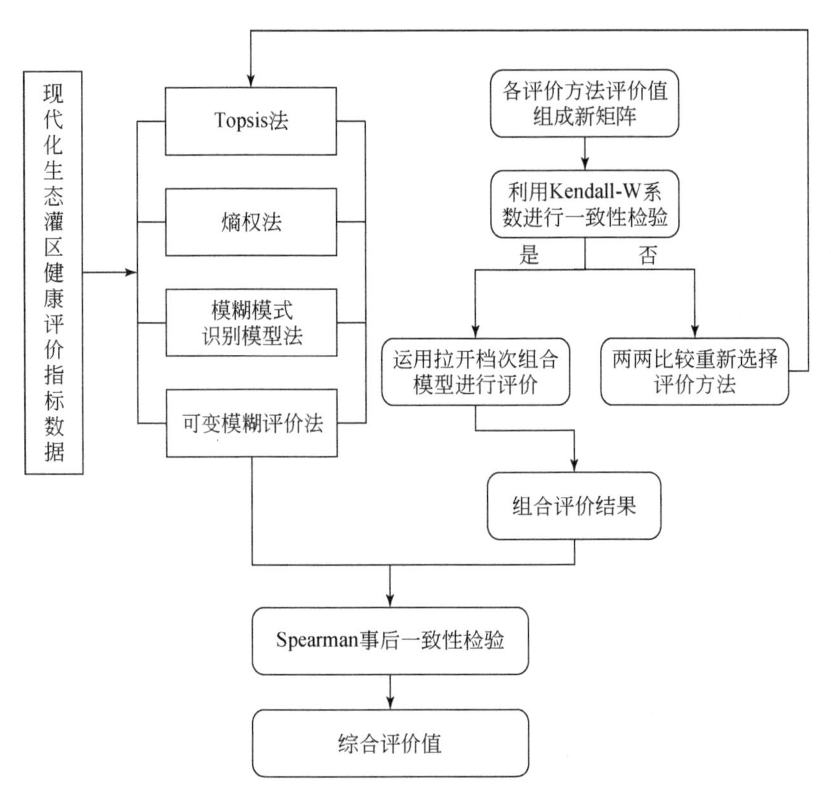

图 3-4　生态灌区组合评价模型

1）排序结果的一致性检验

在组合评价之前，首先运用 Kendall-W 系数对评价结果进行一致性检验。若排序具有一致性，则表示几种方法的结果基本一致，继续下一步的评价；如果出现不一致性的情况，则进行两两一致性检验，进而选取出既客观、符合实际又具有一致性的几种方法。

设对 n 个评价值、m 个评价方法得到的排序值矩阵表示为 $\boldsymbol{PX}\left[px_{ij}\right]_{n\times m}$，评价值矩阵表示为 $\boldsymbol{PJ}\left[pj_{ij}\right]_{n\times m}$，其中，$px_{ij}$、$pj_{ij}$ 分别为第 i（$i=1, 2, \cdots, n$）个评价对象在第 j（$j=1, 2, \cdots, m$）种评价方法中的排序值和评价值。

构造统计量：

$$\chi^2 = m(n-1)W \tag{3-52}$$

$$W = \frac{12\sum_{i=1}^{n} r^2 - 3m^2 n(n+1)^2}{m^2 n(n^2-1)} \tag{3-53}$$

$$r_i = \sum_{j=1}^{m} px_{ij} \tag{3-54}$$

式中，χ^2 服从自由度为 $n-1$ 的 χ^2 分布。给定显著性水平 α，查表确定 χ^2 与 $\chi_{\alpha}^2(n-1)$ 的临界值。当 $\chi^2 \geqslant \chi_{\alpha}^2(n-1)$ 时，即认为各评价方法在 α 水平上具有一致性；反之，则不成立。

2）拉开档次组合模型构建

组合评价结论一般分排序值和评价值两种形式，相较而言，评价值较排序值拥有更大的信息量，结论将更加精确。拉开档次组合模型就可对各种方法的评价值进行组合评价，从而得出可以涵盖所有信息的评价值。具体过程如下。

（1）应用式（3-55）和式（3-56）对 $\boldsymbol{PJ}$ 进行标准化处理，得到矩阵 $\boldsymbol{PJ}^*$：

评价值越大越优型

$$\boldsymbol{PJ}^* = \frac{pj_{ij} - pj_{i\min}}{pj_{i\max} - pj_{i\min}} \tag{3-55}$$

评价值越小越优型

$$\boldsymbol{PJ}^* = \frac{pj_{i\max} - pj_{ij}}{pj_{i\max} - pj_{i\min}} \tag{3-56}$$

（2）按式（3-57）求解实对称矩阵：

$$\boldsymbol{H} = (\boldsymbol{PJ}^*)^{\mathrm{T}}\boldsymbol{PJ}^* \tag{3-57}$$

（3）求 $\boldsymbol{H}$ 的最大特征值及相应的标准特征向量 $\boldsymbol{\lambda}'$。

（4）根据标准特征向量 $\boldsymbol{\lambda}'$ 中各分量的取值情况确定组合权向量 $\boldsymbol{\lambda}_j$，其中：

$$若\ \boldsymbol{\lambda}'_j \geqslant 0\ ,则\ \lambda_j = \frac{\boldsymbol{\lambda}'_j}{\sum \boldsymbol{\lambda}'_j} \tag{3-58}$$

$$若\ \boldsymbol{\lambda}'_j < 0\ ,则\ \lambda_j = -\frac{\boldsymbol{\lambda}'_j}{\sum \lambda'_j} \tag{3-59}$$

（5）将各评价值与对应的权重相乘并求和，求出组合评价值，并进行排序：

$$Z_i = \sum_{j=1}^{m} \boldsymbol{\lambda}_j pj_{ij}^* \tag{3-60}$$

3）组合评价的 Spearman 事后一致性检验

与单一评价方法的评价结果相比，组合评价的评价结果虽更加科学合理，但也可能出现一定的随机偏差。可利用 Spearman 等级相关系数，对组合评价的评价结果与单一评价方法的评价结果进行对比，并对组合评价的评价结果与单一评价方法的评价结果的密切程度进行事后检验，避免结果的随机偏差。

（1）通过 Spearman 等级相关系数［式（3-61）］分别计算出组合评价的评价结果与单一评价方法的评价结果的等级相关系数 d_i，并求其平均值 $\bar{d}$。

$$d_i = 1 - 6\sum_{i=1}^{n} D_i^2/n(n^2 - 1) \tag{3-61}$$

式中，D 为各种排序的等级差。

（2）利用式（3-62）计算检验统计量，取显著性水平 $\alpha=0.01$ 时，查 t 分布表，比较临界值 $t_{0.01}$ 与所求 t 值大小。如果所求 t 值较大，则表明组合评价法与原4 种单一评价方法密切相关，故组合评价方法的评价结果具有较高的可信度；反之，则不成立。

$$t=\bar{d}\sqrt{(n-2)/(1-\bar{d}^2)} \tag{3-62}$$

3.3.5 权重的确定方法

权重是以某种数量形式对比，权衡被评价事物总体中诸因素相对重要程度的量值。它既是决策者的主观评价，又是指标本身物理属性的客观反映，是主客观综合度量的结果。权重主要取决于两个方面：一方面是指标本身在决策中的作用和指标价值的可靠程度；另一方面是决策者对该指标的重视程度。指标权重的合理与否在很大程度上影响综合评价的正确性和科学性。

确定指标权重的方法大致分为三类，即主观赋权法、客观赋权法和组合赋权法。主观赋权法，根据决策者（专家）对指标的重视程度来确定指标权重，其权重数据主要根据经验和主观判断给出，如层次分析法、二元对比法、TACTIC 法和专家调查法（德尔菲法）等。客观赋权法，其权重数据由各指标在被评价过程中的实际数据处理产生，如主成分分析法、熵权法和多目标规划法等。这两类方法各有其优缺点，主观赋权法的各项指标权值由专家根据个人经验和判断主观给出，实施简便易行但也易受主观因素影响，具有较大的主观性、随意性；客观赋权法的主观性较小，但所得权值受参加评价的样本制约，有时不同的样本集得出的评价结果差别较大，并且同一组数据在不同的计算方法下得到的结果不尽相同。因此，融合主、客观权重的组合赋权法随之产生。组合赋权法，其权重数据由主、客观权重有机结合产生，既能体现人的经验判断，又能体现指标的客观特性。组合赋权法主要有乘法组合权重法、加法组合权重法、线性加权法和多属性决策赋权法等。

本研究客观权重采用熵权法，主观权重采用层次分析法，组合赋权法采用线性加权法。熵权法的原理及其步骤见 3.3.4 节，在此不再赘述，下面介绍层次分析法和组合赋权法。

1. 层次分析法

层次分析法是美国匹兹堡大学教授、运筹学家托马斯·塞蒂（Thomas L. Saaty）于 20 世纪 70 年代提出的一种多准则决策方法。它将决策的问题看作受多种因素影响的大系统，这些相互关联、相互制约的因素可以按照它们之间的隶属关系排成从高到低的若干层次，然后对各因素两两比较重要性，再利用数学方法，对各因素层层排序，最后对排序结果进行分析，辅助进行决策。同时，这一方法因有深刻的理论基础，且表现形式简单，易于理解，而得到了较为广泛的应用。具体步骤如下。

（1）明确问题。弄清要研究问题的范围，所包含的因素及其因素之间的相互关系，以及需要得到的答案等。

（2）建立层次结构模型。在深入分析所面临的问题后，将问题中所包含的因素划分为不同层次，建立递推层次结构。

（3）采用 T. L. Saaty 标度法，邀请专家构造判断矩阵。任何系统分析都是以一定的信息为基础，层次分析法的信息基础主要是人们对每一层次各个元素之间的相对重要性给出的判断。这些判断用数值表示出来，即判断矩阵。判断矩阵的构造方法是将同一目标、同一准则或同一领域下的因素进行两两比较并按 T. L. Saaty 标度法的 1 ~9 比例标度对重要程度赋值（表 3-3），比较结果，即等级标度 a_{ij}，填入两两比较判别表格第 i 行、第 j 列，表示第 i 行因素 A_i 比第 j 列因素 A_j 的相对重要程度，由此构成行比列的判断矩阵 $\boldsymbol{B}$（表 3-4）。

表 3-3　T. L. Satty 标度法判断矩阵标度及其含义（假设是 A_1 与 A_2 的重要性比较）

等级标度	相对重要性判断的含义
1	A_1 与 A_2 同等重要
3	根据经验和判断，A_1 比 A_2 重要一些
5	根据经验和判断，A_1 比 A_2 明显重要
7	在实际中显出 A_1 比 A_2 重要得多
9	A_1 比 A_2 极端重要
2、4、6、8	介乎于以上相邻奇数判断之间的折中情况
倒数	若 A_1 与 A_2 重要性之比为 a_{ij}，那么 A_2 与 A_1 的重要性之比是 $a_{ji}=1/a_{ij}$

表 3-4　判断矩阵

	第 1 列	第 2 列	第 3 列	…	第 N 列
	A_1	A_2	A_3	…	A_N
第 1 行	$a_{11}=1$	a_{12}	a_{13}	…	a_{1N}
第 2 行	a_{21}	$a_{22}=1$	a_{23}	…	a_{2N}
第 3 行	a_{31}	a_{32}	$a_{33}=1$	…	a_{3N}
⋮	⋮	⋮	⋮	⋮	⋮
第 N 行	a_{N1}	a_{N2}	a_{N3}	…	$a_{NN}=1$

显然，表格中对角线上的等级标度应等于 1。如果判断结果为，A_i 与 A_j 的等级标度等于 5，那么反过来 A_j 与 A_i 的等级标度 a_{ji} 是其倒数，即 1/5。所以只需对每两个因素作一次比较即可。

（4）计算判断矩阵的特征根和特征向量。

判断矩阵元素按行相乘：

$$M_i = \prod_{i=1}^{n} a_{ij} \tag{3-63}$$

所得乘积分别开 n 次方：

$$W_i = \sqrt[n]{M_i} \tag{3-64}$$

将方根向量正规化，即得到特征向量 $\boldsymbol{W}$ 的第 i 个分量：

$$W_i = \frac{W_i}{\sum_{i=1}^{n} W_i} \tag{3-65}$$

计算判断矩阵最大特征根 $\boldsymbol{\lambda}_{\max}$：

$$\boldsymbol{\lambda}_{\max} = \sum_{i=1}^{n} \frac{(\boldsymbol{AW})_i}{nW_i} \tag{3-66}$$

式中，n 为判断矩阵的阶数。

（5）判断矩阵的一致性检验。一般说来，如果判断是严格准确一致的话，则比较表格中各 a_{ij} 值之间应存在如下递推关系：$a_{ij} = \frac{A_i}{A_j} = \frac{A_i}{A_k} \cdot \frac{A_k}{A_j} = a_{ik} \cdot a_{kj} = \frac{a_{ik}}{a_{jk}}$，式中，$k=1$，2，3，…，$n$。

对于构造判断矩阵，是两两因素相比，每一个因素都不只与一个因素有比较关系，两两因素相比的结果，是否能使全部因素在相互比较关系中，都能取得上式的一致性后果，但这在构造矩阵时并未得到保证。所以，应对判断矩阵进行一致性检验。一致性检验的步骤如下。

计算一致性指标 CI：

$$\mathrm{CI} = (\boldsymbol{\lambda}_{\max} - n)/(n - 1) \tag{3-67}$$

查找相应的平均随机一致性指标 RI，RI 的取值见表 3-5。

表 3-5　平均随机一致性指标 RI

矩阵阶数	1	2	3	4	5	6	7
RI	0	0	0. 52	0. 89	1. 12	1. 26	1. 36
矩阵阶数	8	9	10	11	12	13	14
RI	1. 41	1. 46	1. 49	1. 52	1. 54	1. 56	1. 58

计算随机性一致比率 CR：

$$\mathrm{CR} = \mathrm{CI}/\mathrm{RI} \tag{3-68}$$

当 CR≤0. 10 时，判断矩阵具有满意的一致性；否则，应该对判断矩阵进行修正。

2. 组合赋权法

组合赋权法是将熵权法与层次分析法分别计算的权重按照一定的比例进行组合加权。

设熵权法计算权重为 w_1，层次分析法计算权重为 w_2，组合权重为 w。按照式（3-69）来计算综合权重，建立权重矩阵 $\boldsymbol{w}=(w_1, w_2, \cdots, w_n)^{\mathrm{T}}$。

$$\boldsymbol{w}=tw_1+(1-t)w_2 \tag{3-69}$$

式中，t 为熵权法计算权重所占组合权重的比例。

综合以上评价步骤，实现评价指标的定量化。

第4章　现代化生态灌区健康监测与决策评价模式

4.1　监测网络模式构建的原则与主要建设内容

灌区是一个水土资源两大要素支撑的耗散体。伴随着开发利用强度的增加，灌区内的水循环路径不断延伸，土地开发利用的深度和广度不断扩大，对土壤生境的扰动越来越强烈，相应的水土资源及伴生生态环境要素发生深刻变化。在众因素的共同作用下，灌区的健康发展也受到影响。为此，在灌区健康发展中，全面感知水土资源开发利用及伴生生态环境等要素，获取第一手资料，是开展现代化生态灌区健康评价和实现合理调控最为基础的支撑。借助于现代化、智能化监测管理手段和技术理念，建立合理的监测网络模式，是开展全面感知、实现基础支撑的有效途径。

灌区信息感知为灌区信息化建设的有机组成，自1998年国家启动实施大中型灌区续建配套与节水改造以来，灌区信息化不断深入，信息感知的范围也逐渐扩大，灌区信息化水平得到了较大提高，但是总体信息化程度仍较为薄弱。目前绝大多数灌区信息化建设仍停留在第一和第二阶段，距离灌区现代化、智慧化建设有较大差距。集中体现在以下两方面：①灌区信息监测要素的覆盖度不够，难以服务用水全过程。据调研，现状灌区信息监测主要集中于取用水调度中的干支渠输配水方面，缺乏对水循环全过程的监测；即使有相关的监测，又由于管理归属的不同，相应的监测相对分散，造成“取水—用水—耗水—排水”环节相对独立，难以全面深入到灌区水循环全过程，更缺乏与其相伴生的土地、土壤和生态环境相关要素的监测。②监测集中于数据的收集，由于没有形成系统的网络模式，监测数据的利用不充分，绝大多数缺乏深入开展智能化调配。总之，目前灌区信息化建设中存在着信息化程度整体偏低、自动化程度差、传输手段不能与时俱进、网络承载力难以统一协调、尚不能实现系统精细管理等现实问题。这不仅不利于灌区的健康运行，而且难以支撑数字孪生灌区的建设。为此，基于灌区信息化建设现状，结合大数据、云计算等先进手段，围绕现代化生态灌区健康发展要求，本章系统描述了灌区监测网络模式的建设思路。

4.1.1　监测网络模式构建的目标与构建原则

大数据是集数据来源多样、形式各异和成果变化较快的特点提出的（MaxCompute，原名 ODPS）一种快速、完全托管的 TB/PB 级数据仓库解决方案，具有可向用户提供完善的数据导入方案、能够更快速地解决用户海量数据计算问题并有效降低成本并保障数据安全等特征。云计算统一企业 IT 架构、业务架构和数据架构，不仅以集约化的方式承载业务，也收集业务数据，为大数据存储、快速处理和分析挖掘提供基础能力。

灌区作为“人工–自然–社会”相互作用的复杂开放系统，随着人类干预程度的增加，其发展的特征指标愈加细化，呈现出影响因素多样、形式不同、变化速度差异大等特征。考虑到数据信息的获取和管理是实现灌区健康发展的基础，现代化生态灌区监测管理的精细化和准确化更需要数据量大、数据结构多样的庞大数据的支撑。大数据云计算技术为现代化生态灌区健康评价指标的全面监测提供了有益的手段，也是未来灌区管理的方向。为此，基于大数据云计算的现代化生态灌区健康评价指标体系对应的监测网络模式构建成为现代化生态灌区建设的有机构成和基础支撑。

监测网络模式构建的目标：以《全国水利信息化规划》为基础，结合生态灌区建设的根本需求，以“节水优先、空间均衡、系统治理、两手发力”的治水方针为指导思想，结合现代化生态灌区建设的需求，围绕灌区水循环及其伴生的生态环境变化环节不同指标数据量大、数据结构多样、变化频繁等特点进行监测网络模式设计。第一，通过数据感知系统的建设，实现灌区水循环、土地开发及其伴生生态环境过程信息的采集获取；第二，通过计算机网络、通信网络和自动化控制等新技术手段构成安全高速稳定的传输系统，实现对实时感知数据的传输，综合二者形成监测“一张网”；第三，通过不同类型数据库的构建，实现异构数据的管理，形成灌区大数据中心；第四，在监测网络和大数据中心的支撑下形成综合服务平台，支撑灌区应用管理，实现灌区“一张图”式管理（图 4-1）。

监测网络模式构建遵循的基本原则如下。

1）以水土资源健康发展为本，遵循全方位感知

以保障灌区水土资源均衡开发、水生态环境、土地生态环境健康发展为首要目标，围绕健康评价指标体系，聚焦灌区群众关心和政府部门关注的亟待解决的水土资源及其可能伴生的生态环境等问题，以管理、服务的需要为切入点，在保障感知数据层能够不断扩展的基础上，选择先进实用的信息技术，开展数据的全面感知，以从根本上支撑灌区的管理水平和灌区服务能力，切实为现代化生态灌区建设带来便捷、创新、高效的服务，支撑不同层面监管和调控，服务灌区群众。

2）统一整合，优化资源，遵循感知信息的全面融合

选择国内外先进而实用的科学技术和软硬件产品，在充分利用计算机、网络、通信等技术基础上，选择与该类技术相适应的软硬件产品，建设实用先进的监测网络系统。

优化利用灌区现阶段信息网络资源，逐步形成光纤网、互联网、物联网等多网融合的灌区生态健康监测“一张网”，实现灌区水情、土情、农情、工情等信息的全面感知，以最大化利用现有灌区数据资源，在确保不重复建设的前提下，采用优化整合、补充完善、

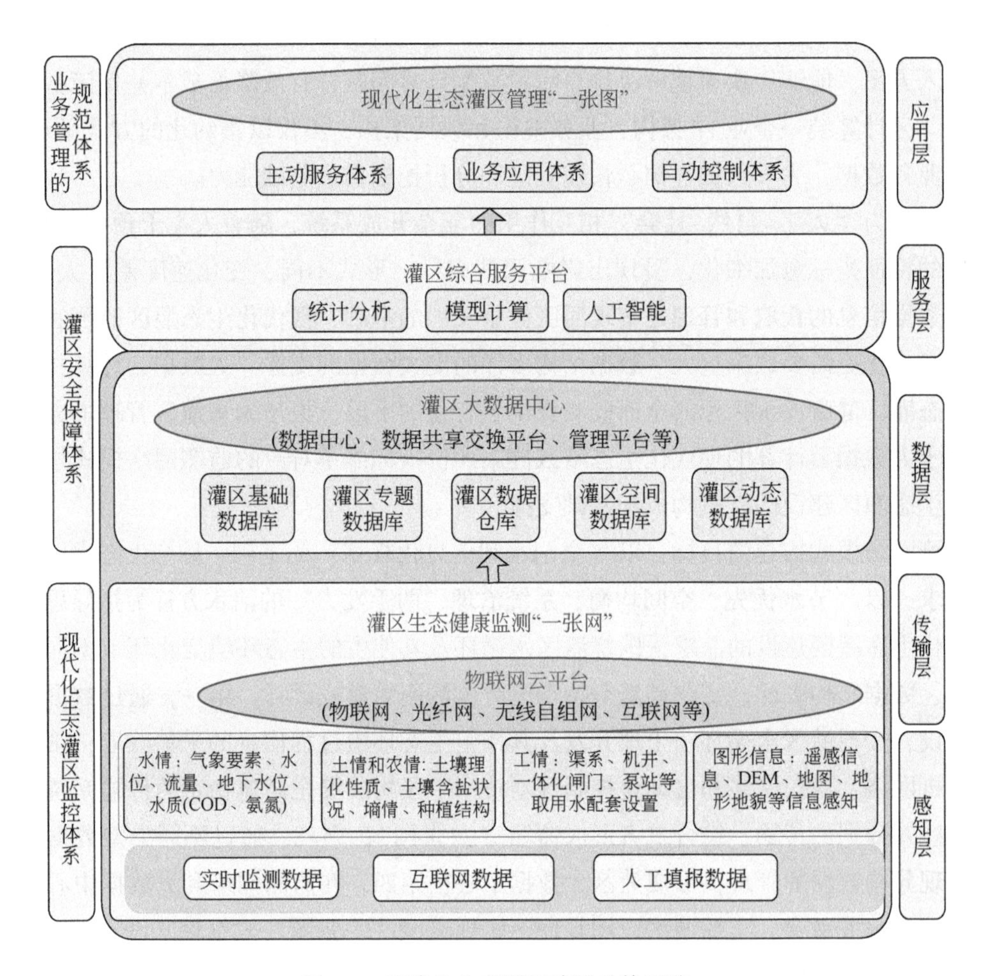

图 4-1　现代化生态灌区建设总体思路

业务协同等方式完成灌区基础数据库、灌区专题数据库、灌区空间数据库等的建设，形成灌区大数据中心，支撑现代化生态灌区健康发展的统筹管理。

3）统一标准，扩展开放，实现监测数据的充分展示和有效利用

遵循国家有关软件设计开发规范和标准，现行水利、水文行业信息化标准和规范，以及水利部及其相关领域相关标准规范，按照适度超前的原则，融合现代通信技术、信息传输技术、自动化控制技术等技术特点，整合统一不同来源异构信息标准，形成数据库，采用 SOA 和微服务软件架构与主流开发语言，统一接口标准，构建基于统一架构面、具有功能扩展和开发性的灌区监测网络平台，支撑监测数据的充分展示和有效利用。

4）灵活高效，安全稳定，开展监测数据的分级管理和合理利用

按照优化的数据模型结构、分区的存储结构、高效的索引，以及与其他软硬件比选匹配，最大限度地保证数据库系统的高效性。

按照系统功能和运行环境要求的不同级别，保障系统建设中物理级别、系统级别、数据库级别及逻辑上的安全性需要。同时，采用不同级别的访问权限，支撑灌区内用水户、供水单位和不同层级管理者不同类型数据的获取利用。

4.1.2 监测网络模式建设的框架结构与主要内容

1. 监测网络模式建设的总体框架

灌区监测网络模式建设是实现现代化生态灌区健康发展，全面把握灌区信息，进行灌区现代化、生态化发展的前提和基础。监测网络是灌区信息感知的最前端，也是支撑现代化生态灌区健康决策的最底层。其根本任务是：监测获取基本信息，借助不同的网络进行传输，最终形成由不同类型数据库实现的全面信息感知，即采用物联感知技术、传输技术、数据处理技术等新一代数据采集技术手段，建立覆盖灌区水资源、水环境、水生态以及土壤环境等各领域的监测传感器和网络传输系统，在任何时间、任何地点，以可能的方式来感知灌区内不同时空尺度上的水情、土情、工情及农作物信息。结合管理需求，监测网络模式应能够实现向下为灌区各业务人员提供灌区智能化运维的基础支撑，向上为灌区管理人员提供数据分析及智慧化决策辅助依据。为此，其应包括以传感器为主体的监测站点布设形成的实体网络和以网络传输和数据库为主体的信息存取、展示等形成的信息网络；综合二者，形成现代化生态灌区健康指标监测网络模式。

其中，以传感器为主体的感知层可利用各种传感器对所要监测的指标进行数字化采集，通过传输层将其发送到数据库进行存储，以便后续处理利用。

网络传输及数据存储层是监测网络汇聚展示的部分。数据传输的基础设施为开发监测网络提供了强有力的支持，可通过应用现代网络技术和综合利用多种网络协议构建监测网络的传输层；数据存储层作为监测系统信息感知的另一核心组成部分，是进行监测管理和决策支持的基础，由数据库和网络服务两个部分构成，实现存储数据，并保证能够在数据库和传输层之间进行数据存取，并为各类其他业务提供接口等网络服务功能。

综合以上，监测网络模式建设的总体框架见图4-2。

2. 监测网络模式的建设内容

按照现代化生态灌区健康评价指标体系的组成，以感知层为切入，以数据网络传输体系为媒介，构成数据管理层，支撑健康评价。具体的建设内容包括立体监测感知层、网络传输体系和大数据管理层。

1）立体监测感知层

立体监测感知层是基于对灌区基本特征信息和水情、土情、工情等的运行状况等基础物理特征信息的全面准确把握，是形成水土资源、生态环境以及社会经济“一张网”的基

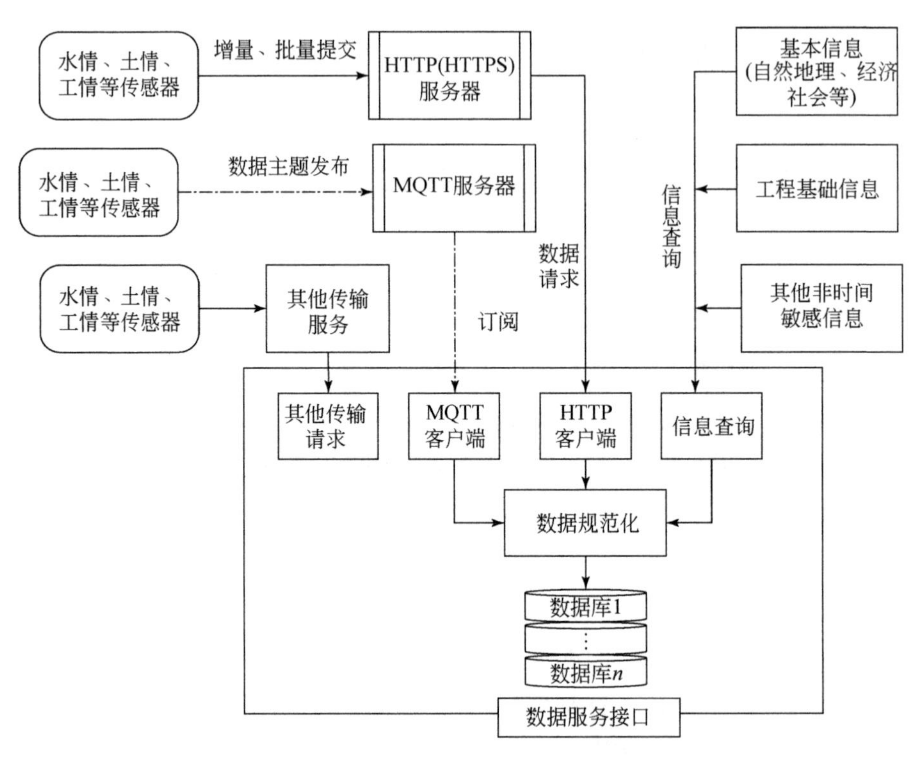

图 4-2　监测网络模式建设的总体框架结构逻辑

本组成要素。为此，围绕现代化生态灌区健康评价指标体系，依托实体监测网络的合理布设，即感知传感器的合理布局，对如下五方面信息进行监测感知（图 4-3），具体包括基础信息系统、水情信息感知系统、土情信息感知系统及工情信息感知系统。

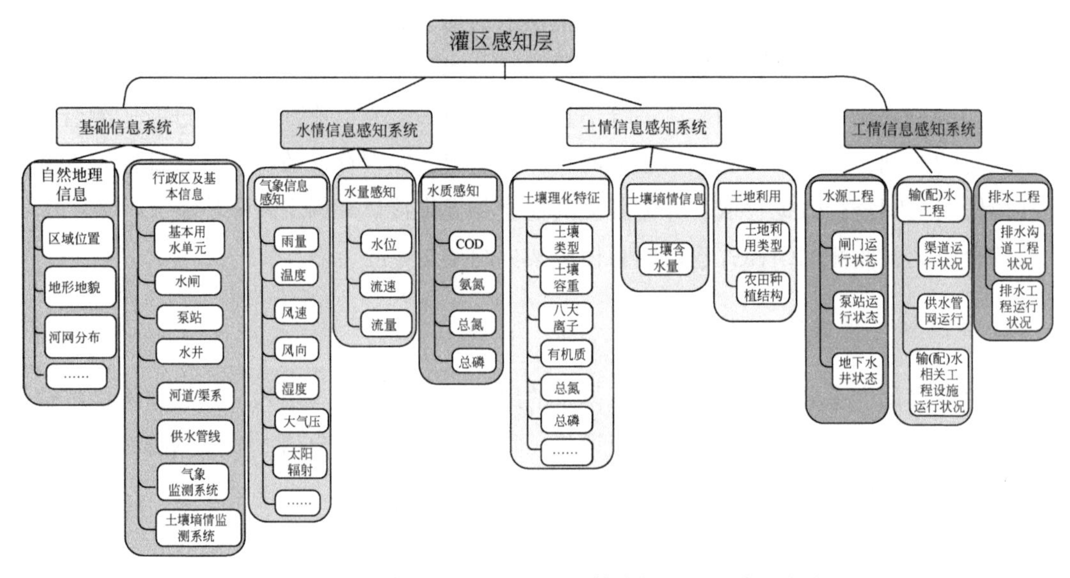

图 4-3　生态灌区健康评价指标立体感知层主要建设内容

2）网络传输体系

网络传输体系是支撑基本感知数据的通信网络传输系统，是实现灌区基础承载网络，与互联网、无线网、卫星传输网和数据交换网等多网融合的有机衔接，形成灌区水土资源、生态环境以及社会经济“一张网”的主要路径。

其基本建设是通过不同层级网络的有机衔接，形成专网、公网和移动互联网三网融合的灌区通信网络传输体系。各类传感器是数据网络传输层的支撑，结合灌区管理的要求，数据网络传输体系应该包括感知系统不同类型的传感器、统一的数据传输标准，以及实现对不同传感器传输数据的接入与交换的接口等。

3）大数据管理层

大数据管理层的目标是借助网络传输的感知层信息进行数据存储、数据挖掘、数据整合，实现关系型数据库存储、分布式数据库存储和非关系型数据库建设，支撑大数据中心的构建和灌区业务的应用要求。

围绕现代化生态灌区健康评价指标体系，大数据管理层应该通过建设灌区大数据硬件设施、软件设施、网络等环境基础设施，构建统一编码、形成统一标准，实现感知层基础信息源的管理，对多源结构化数据进行数据融合和非结构化数据资源的收集处理，形成基础数据库、关联业务库、建设和整合专题库等不同形式的数据库。大数据管理层作为大数据中心的核心组成，可支撑灌区云平台数据的共享计划，实现对数据、设备运行的监控和模型平台、应用服务的多层面应用。

4.2 监测网络模式建设设计

4.2.1 立体感知系统构建模式

灌区是以水土资源为核心的复杂综合体，其现代化生态化建设是对上述众多信息的综合评估，并不断调整的动态过程，需要感知的信息类型包括两类：长期维持稳定或者更新周期较长的基础信息，以及更新频次较高且可能包含历史系列的数据，涉及大气信息、水信息、农作物植被信息等。为此，在监测网络的感知层应融合“天-空-地”多维多源信息手段获取不同层面信息。为实现管理上的方便快捷，应以水利工程及用水户管理单元等监测管理对象为基本单元，分两种类型进行信息获取。

（1）长期维持稳定或者更新周期较长的基础信息：借助统计资料和影像资料实现信息感知。具体包括灌区的自然地理、行政管理和水土资源管理建设对应的数据。该信息的全面获取，可支撑对灌区宏观本底认识，为现代化生态灌区建设和健康评价提供基准信息。在建设中可通过统一的编码信息实现基本要素的有效衔接。

（2）更新频次较高且可能包含历史系列的数据是感知层需要获取的关键数据。可采用物联网感知技术、传输技术、数据处理技术等新一代数据采集技术手段，建立覆盖灌区水资源、水环境、水生态以及土壤环境等各领域的监测传感器和基础网络，以支撑在任何时间、任何地点，通过任何方式获取灌区内各种不同时空尺度上的数据。按照监测对象的不同，包括水情、土情和工情监测感知体系。

1. 水情信息感知系统监测网络模式

灌区是以灌溉取用水为驱动的农业生产系统。水情信息感知系统是灌区水资源管理的重要抓手，是集各类与水相关信息采集、传输等功能于一体，以实现信息及时、准确上传下达，实行科学调度和水资源优化管理的依据。灌区水情不仅要着眼于现状管理，而且也要面向一定时段的预报预警。为此，按照灌区“自然-社会”水循环过程中取水—用水—耗水—排水过程中所涉及的降水、入渗、蒸发、蒸腾以及产汇流等水循环要素及重要环境因素，采用“天 空 地”技术，从水量和水质两方面进行水情信息感知系统监测网络模式的构建。其中，“天”为卫星遥感数据，“空”为无人机遥感数据，“地”为地面监测和调查数据。

针对不同信息指标，可融合卫星和航空遥感空间手段，地面气象站点、水文站点等地面手段，形成天基、空基、地基观测手段相结合的监测网络模式，以全面感知包括气象信息，河道、渠系水量信息，水质信息，以及动态特征等在内的水情信息。具体监测传输见图 4-4。

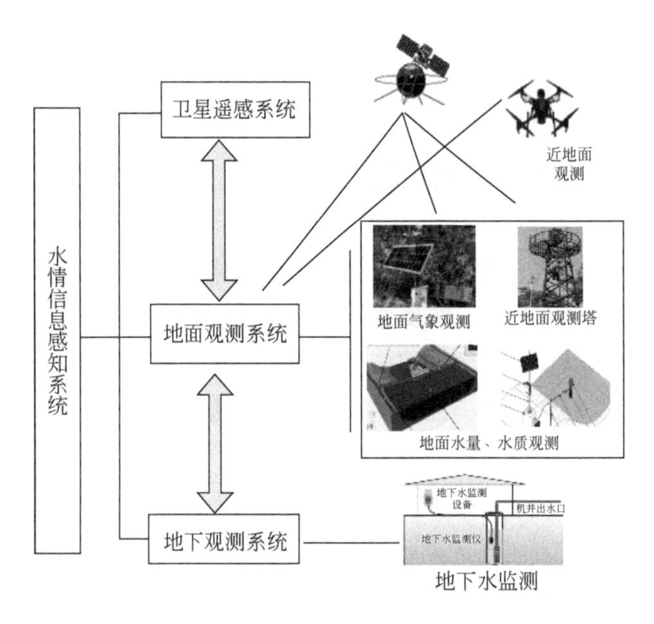

图 4-4　水情信息感知系统监测网络模式

1）气象信息感知子系统

结合气象遥感卫星、地面定位点气象站数据等手段，进行灌区降水的监测、预报，为供水和抗旱提供支撑。地面定位点感知系统应按照地形和传统种植特点，建设连续监测多种气象要素的小型气象监测站，或者依托区域气象站等多样化手段，获取实时降水量、温度、湿度、风速、气压、太阳辐射等气象要素，集合土地感知系统的相关种植结构的资料，为灌区自然降水、可能的耗水量（土壤和植被的蒸发蒸腾）获取提供依据，进而支撑灌区供用水的动态调控。

2）水量感知子系统

根据灌区的灌溉系统、供水系统工程布局和区域供水特点与实际河（渠）长制管理需要，在水源点（包括水库与地下水取水井）和干、支、斗、农、毛渠或低压输水管道等不同级别的输水渠系上设置测站或测点，选择适宜的量水设施（包括建设量水建筑物、观测仪器仪表、数据采集记录系统等）进行科学计量，获取支撑灌区输配水所需要的水位、流量、地下水位等数据，掌握水情状况，以便合理、适时而又准确地控制灌区供水水量、供水过程，为分析用水规律、科学精准量测推行有偿供水、计量收费以及因地制宜的调控决策供水提供依据。

3）水质感知子系统

以灌区范围内主要供水水源、灌溉退水水质、受纳水体的水质状况为对象，以河长制监控的断面为重点，选择供水水源（水库、水井）、输水渠系（引水干渠和分干渠）、排水沟（出口）断面分别建设水质监测站（以自动化和智能化监测为主），通过数据自动采集或特定时段内手动监测实现对典型监测指标的感知，以满足不同断面水质的监控；结合《农田灌溉水质标准》（GB 5084—2021）标准，对超标状况进行报警，反馈对农业种植业面源和生活及工业污水排放口的管控。

总之，水情感知系统监测网络模式应该以水循环过程中“供水—用水—耗水—排水”环节的水量、水质为监测对象，结合河（渠）长制等灌区管理的基本单元要求，合理布设监测传感器，采用合适的遥测终端，在通信传输及配电系统等保障下，按照既定的采集方式实现对灌区不同单元的降水、蒸发、流量、水位和水质等相关信息的获取并通过通信系统上传，实现水情感知。水情感知系统监测网络模式下，不同单元的拓扑关系如图 4-5 所示。

2. 土情信息感知系统监测网络模式

土壤作为农业之本，其养分是自然因子和人为因子共同作用的结果。土地利用作为自然条件和人为活动的综合反映，随着不同土地开发利用方式和管理方式的变化，土壤性质将随之改变。土情监测感知是获取土情变化最直接的方式，土情监测感知系统是必要的手段。为实现对土壤自然本底特性和人类活动所作用的土壤要素的全面监测感知，实现信息

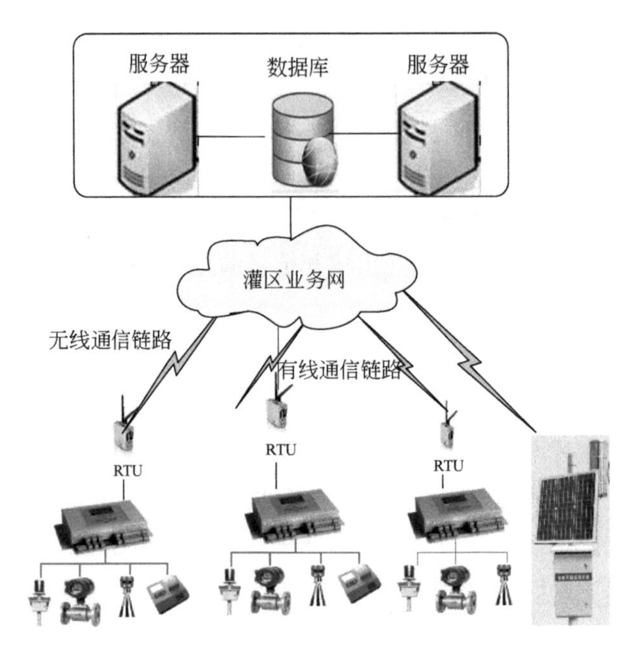

图 4-5　灌区水情信息感知系统拓扑关系

的采集、传输、分析和预警等全面支撑调控管理，可采用传统调查、历史资料收集和遥感影像反演等大数据手段相结合的方式构建土情监测感知系统。针对不同监测预警指标，灌区土情信息感知系统监测网络模式应包括：土壤理化特征、土壤墒情和土地利用等感知子系统。土壤墒情作为物理性状的构成，由于其变化频繁，且是灌区内水土调控最为核心的构成，因而可单独列为一项。

1）土壤理化特征感知子系统

灌区土壤基本特征主要为土壤的理化特征，包括：长期稳定或者更新周期较长的土壤质地、土壤物理性质、土壤有机质含量，以及变化较为频繁的盐分含量和氮、磷、钾等通用指标及地区关注的特有相关指标。为全面感知土壤性质的变化，针对性构建土壤理化特征感知子系统。

对于长期稳定或者更新周期长的土壤特征信息，其监测网络模式为野外实地调查取样与室内分析化验相结合，通过设置合理的地面监测站点，结合历史资料（包括土壤质地分布图），在严格遵循土壤取样要求的基础上，进行定期取样，对样品进行实验室监测，形成数据库。

对于变化较为频繁的土壤特征信息，可采用遥测技术、遥感影像、地面定位点自动监测相结合，通过影像反演与地面实测点位校正的方式形成相应信息的监测网络模式，定期传输，实现数据信息的更新。

2）土地利用感知子系统

土地利用包括灌区土地利用类型和农田系统的种植结构两部分。为适时感知灌区土地开发利用变化，以及农田作物种植结构和生育状况，可采用“天-空-地”技术手段，按照农田、水域、林地、居工地以及农田系统的种植结构，从类型和种植规模上进行土地利用感知子系统的构建。

具体可采用无人机遥测、遥感等手段，结合地面区域调查，形成遥感和地面（地基）观测手段相结合的监测网络模式，以全面监测感知灌区土地利用和种植结构信息。其中，通过对土地利用结构的全面感知，揭示各类型土地利用方式的景观斑块变化，支撑耕地、水域等红线管理。通过对农田种植结构的感知，可为灌区供需水管理提供支撑，也为典型生育期农作物生长状况及土地生产力和收益评价提供参考。

3）土壤墒情感知子系统

土壤墒情是灌区农业和生态系统健康发展的最直接作用因素，是水土资源相互作用的中间环节；其频繁变化与农田水循环、灌区水资源合理配置、抗旱除涝减灾等密切联系，不仅作用于水循环，也影响着土壤质量。为实时获取土壤墒情（水分）信息，综合考虑土壤类型、地下水位、种植结构，建设遥感和地面（地基）观测手段相结合的监测网络模式。综合遥感反演土壤墒情可以获得大范围的数据，且具有速度快、周期短特性；地面实地监测点能获得更加符合实际的特定区域特点的信息；综合二者构建土壤墒情感知子系统模式。

具体按照不同的要求，通过地面监测和空间遥感反演的手段实现小区域和大范围土壤墒情信息的获取。具体土壤墒情地面监测站点的设置可参考《土壤墒情监测规范》。

综上，土壤理化特征感知子系统、土地利用感知子系统、土壤墒情感知子系统的监测网络模式，可通过“天-空-地”监测手段相结合，实现不同层级土情信息的有效获取，结合相应的通信传输方式完成数据传输，支撑监管调控。

3. 工情信息感知系统监测网络模式

工情信息是描述和反映灌区各类水利工程运行状态的指标，是灌区执行安全运行和应急处理、重要决策的直接实施命令的对象。工情信息的监测主要是用以获得各类水利工程主体实时工作状态，为工情状况的合理分析和决策实施提供支撑。

具体是针对灌区范围内涵盖的工程类型，如水库、渠道、泵站等选择合适的监测装置，实现工程运行状况监测并获取表征其运行状况的指标；通过相应的远程传输实现数据上传数据库，实现对灌区现场工程各个工程设备的实时跟踪，支撑对工情状况的监控和分析。

4.2.2 监测网络系统模式设计

1. 设计原则

数据库的构建是实现现代化生态灌区健康评价和决策支持最基础的部分，是业务管理和决策支撑的数据源泉。为保障数据库具有稳定完整性、一致性、维护的便利性，以及安全性和良好的数据存取性，数据库在设计中应具有如下特点。

（1）数据的独立性。数据结构要具有较高的灵活性、可扩充性和可维护性；在数据库系统中，能够实现异构数据的存取。

（2）数据冗余度最小。尽可能减少数据的重复存贮，以利于提高数据查询的效率，避免由于冗余数据而引起的数据不一致性。

（3）最大的共享性。存储在数据库中的数据应能以最优的方式去适合多个用户的需求，不同的使用者可以用不同的方式访问或调用数据。

（4）数据完整性。数据库中的所有子系统或各项数据，应具有相互配合、调配、转化运用的能力，以保持数据的整体性。数据记录使用的名称、位置、次序应标准化，以实现数据的存储、更新和修正的便捷，满足水资源调控对数据的使用要求。

（5）合适的响应时间。合理地配置数据库中的数据，使数据库具有用户较满意的响应速度。

2. 构建模式

现代化生态灌区健康运行监测网络系统是灌区水土资源、生态环境等相关信息的存储、管理和共享交换中心，是实现灌区综合服务的基础。监测网络系统的功能可划分为两大类：一类是对数据的获取、采集、存储并进行处理和加工；另一类是为应用者提供数据显示和分析等服务。

就前者而言，系统应该能够对基础数据和观测数据进行获取和初级加工整理，进而构建数据库，以便支撑信息交换并为应用控制等业务提供基础服务。就后者而言，系统则需要提供操作简便的用户交互功能。

综合考虑对于数据采集和用户交互功能的需求，系统可采用 Browser/Server 架构，服务器端构建基于 Web 技术的业务逻辑、信息交换与应用控制平台，并部署数据库；数据采集端在获取基础数据后应通过网络向服务器端提交数据；应用者数据显示分析则基于主流网络浏览器利用现代前端技术构建应用，以多种形式向用户反馈所请求的信息。系统结构如图 4-6 所示。

在监测网络系统的设计中，遵循系统建设的原则，采用面向对象软件开发方法结合发布订阅模式构建。数据库设计是程序开发的核心部分之一，标准的数据库设计原则和步骤能有效地提高开发进度和效率。数据库设计是在充分了解软件需求的情况下，基于一定的软硬件环境，建立数据库模式、数据库表及其应用系统，使之能够安全有效地为用户存取数据。

本研究数据库在设计过程中，综合运用了数据仓库技术进行设计。数据仓库不同于现有的操作型数据库，是一个面向主题的、集成的、相对稳定的、随时间不断变化（不同时间）的数据集合，用于支持管理决策。采用数据仓库技术设计方式，首先可面向分析型数

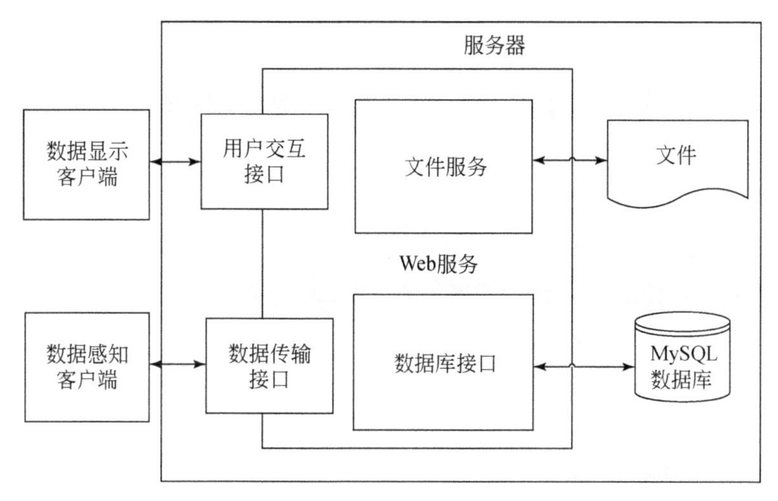

图 4-6　监测网络系统总体框架

据处理，用于支持决策；其次，数据仓库可对多个异构数据源进行有效集成，集成后按照主题进行重组，并包含历史数据，而且存放在数据仓库中的数据一般不再修改。围绕以上逻辑，可选择 MySQL 的数据库管理系。

对于基础数据库的设计，应参考灌区数据库规范并根据当前技术发展进行调整。灌区数据从数据的时间性质来看可分为不随时间变化或较少随时间变化而发生改变的静态数据和时间敏感的动态数据；从数据内容角度可分为经济社会、行政管理、空间基础信息、设施设备基础信息、工情、水情、气象、土壤理化指标等。为最大限度地降低数据冗余，提高数据存取效率、便于信息化处理，基础数据库的设计应以关系型数据库为主，辅之以必要的平面文件系统，以便于构造各种应用接口，而且也有利于构造业务逻辑。

为实现不同类型数据库的有效衔接，在具体数据库设计中，应结合灌区特点，将数据库分为基础信息数据库和实时监测信息数据库（包括现在实时信息和历史信息）。严格按照数据库表结构和基础数据库编码相结合的形式设计构建。其中，基础信息数据主要包括灌区内长期维持稳定或者更新周期较长的信息。通过监测灌区系统内基础信息的分析，可概要性了解灌区基本概况的信息。实时监测信息数据主要包括灌区内实时反映水情、土情、工情等方面的数据，不仅包括当前实时数据也包括历史数据。通过这些数据可以了解灌区特定时段的水土资源开发利用情况及产生的影响，为决策提供支持。

4.2.3　多网融合的传输层模式设计

网络传输层是监测感知数据形成数据库并向大数据中心实现传输最基本的保障。按照网络基础设施安全的基本要求，将网络传输层从物理层面划分为三个安全等级模式。

安全一区：自动控制设备实施通信区域。

安全二区：感知信息、自动控制信息汇集区域，包含云数据中心。

安全三区：共享信息、公共信息。

选择通信部署时，可采用自建通信，也可采用高带宽局域网。对于监测网络，感知信息点和自动控制站的网络传输层，按照实际需求和当地实际情况分类型确定；对于一般信息感知点和普通非动力控制设备，可采用单一通信通道进行建设，可考虑简便的公网移动通信接入（物联网）等方式传输；对于重要的感知点（涉及总干渠、防洪、泄洪通道等），可采用双通道通信和专有数据通道等方式传输。

综合以上组成部分可形成不同层级网络的有机衔接，以专网、公网和移动互联网三网融合构建起灌区通信网络传输体系。考虑到我国通信事业的不断发展，在灌区网络传输体系的建设过程中，可以依靠现有通信系统所提供的有线和无线互联网进行远程数据传输，从而降低通信系统的构建成本。

传输系统的应用层网络协议负责向数据层提交数据，在网络传输体系中具有重要作用，目前应用较多的有 MQTT 协议和 HTTP 协议。

MQTT 协议是一种基于发布/订阅（publish/subscribe）模式的轻量级通信协议。该协议构建于 TCP/IP 协议上，其最大的优点在于可以以极少的代码和有限的带宽，为远程设备提供实时可靠的消息服务。作为一种低开销、低带宽占用的即时通信协议，MQTT 在物联网、小型设备、移动应用等方面有广泛的应用。因此在网络传输体系的构建中被作为首选应用层网络协议。

HTTP 协议是目前应用最为广泛的应用层网络协议，许多传感器生产厂商往往基于 HTTP 协议构建数据服务，进行传感器数据的传输；灌区大量基础数据也依赖于现有的基于 HTTP 协议构建的各类网站或服务。

为保障安全性，在网络传输线路上，可采用国家许可的网络层加密技术，对于应用 MQTT 协议的设备需设置用户名、密码进行设备认证；对于基于 HTTP 协议的传输则需升级为 HTTPS 协议，在 HTTP 层下添加 SSL 层，在客户端和服务器之间应用添加解密机制、身份认证机制、数字签名机制，将水利专用网构造成一个安全封闭的网络，保证数据在传输过程中的机密性、真实性和完整性。

4.2.4 监测网络平台模式设计

作为大数据中心层的有机组成，监测网络平台在提供对灌区不同层面感知数据高效敏捷的存储交互中，既要保证不同层面感知数据的存储仓库，又要为开展数据共享、挖掘提供服务，同时它也是灌区安全保障体系中的重要组成。为此，为保障平台可适配于灌区各种应用系统，实时监控管理接入设备的状态与运行情况，最终实现可以对设备进行远程操作，做到精确感知、精准操作，可靠、低成本维护的云端管理，平台应具有以下特点：海量存储，在线横向扩展；数据持续保护，灌区业务运行无忧；模块化设计，人性化管理，绿色节能。

为此，监测网络平台应综合采用先进的计算技术，如云技术、微服务技术、大数据技术、数据仓库技术、数据挖掘技术和 GIS 技术等先进技术，通过构建不同类型数据库，实现对不同感知数据的存储和对不同用户的应用支撑；通过基础数据库、专题数据库及数据仓库等数据库的构建，结合网络传输保障，实现数据共享、数据交互、数据管理等功能。

监测网络平台应为系统的运行构建基本的运行环境平台和系统安全环境，具体包括基础平台、系统运行环境和系统安全设置三部分。

1. 基础平台

基础平台提供系统运行的环境，并提供信息交换及相应的控制服务，具体由系统运行环境、数据库、信息交互平台三部分组成。

该平台是整个系统的核心组成部分，基于 Node. js 的 Koa 框架构建 RESTful 服务接口以事件发布订阅模式实现。其中，感知层数据来源多种多样，设计中综合考虑基于 HTTP 协议获取的数据和基于 MQTT 协议获取的数据等不同数据来源的异构数据及相关处理方式进行数据库的保存；具体操作为：系统启动后首先查询数据来源，然后进入相应的处理模块。对于前者而言，可通过云端平台定时查询数据，并在服务器内部订阅相关数据事件，通过所请求的数据到达时触发相应事件，根据预定义处理方式对获取到的数据进行处理和保存。对于后者服务器订阅相应数据主题并在订阅主题数据到达时触发相应事件。

综合监测网络系统中数据库基本功能。综合软硬件，形成完备的运行环境。

2. 系统运行环境

系统运行环境为整个系统提供基本的运行环境，包括系统硬件、网络连接设备、系统软件、数据库管理系统等。云服务设备为整个系统的运行提供硬件、网络、系统软件的运行环境。因此，在运行环境构建中，它包括硬件环境和系统软件环境建设。其中硬件环境建设包括服务器以及集群设备的选型；系统软件环境建设主要为操作系统配置。为保证系统充分发挥各项功能，需要配置云服务。

1）云服务主要功能

应用服务器：提供数据中心系统业务应用服务支持。

数据库服务器：存储数据库。

文件服务器：文件存储。

说明：示范项目中上述三台服务器的功能运行于同云服务器上。

2）系统要求

操作系统：Windows Server 2003 以上。

数据量：150G（示范项目）。

数据库管理系统：MySQL。

应用服务器运行时环境：Node. js。

系统硬件逻辑结构示意图如图 4-7 所示。

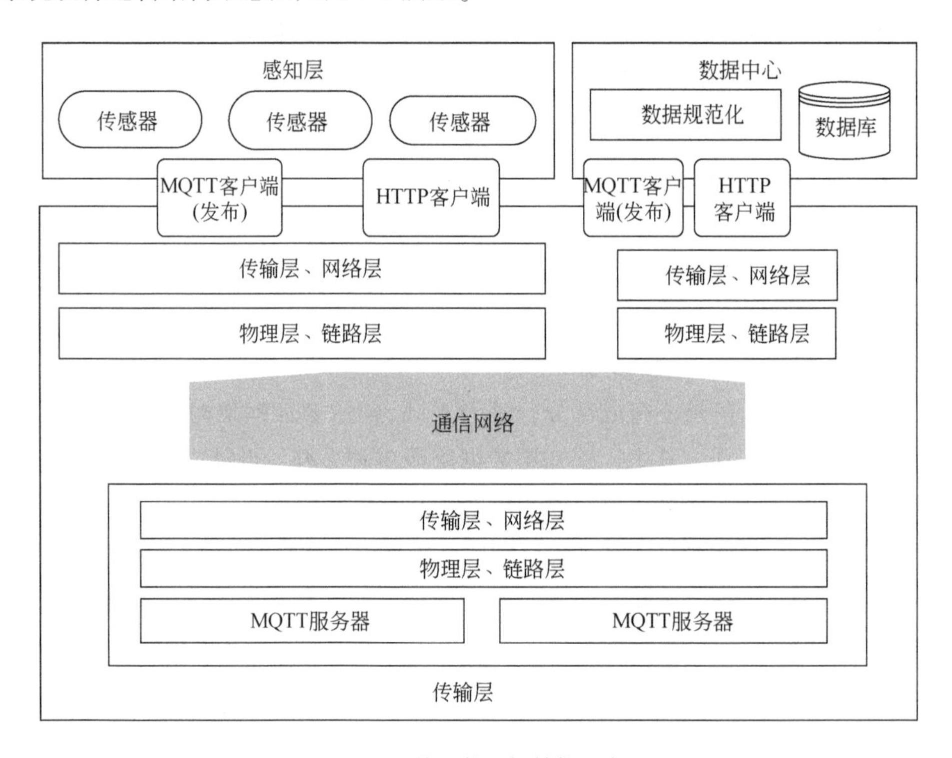

图 4-7　系统硬件逻辑结构示意图

3. 系统安全设置

1）操作系统安全

操作系统是所有计算机终端、工作站和服务器等正常运行的基础，安全性十分重要。操作系统因为设计和版本的问题，会存在安全漏洞，应及时下载操作系统补丁程序。同时，在使用中由于安全设置不当，也会增加安全漏洞，带来安全隐患。为了加强操作系统的安全管理，要从登录安全、用户权限安全、文件系统、注册表安全、RAS 安全等方面制定强化安全的措施。

2）服务器安全

服务器连接互联网对外提供公开信息服务，这使得系统的公开服务器的安全性大大降低，因此要对公开服务器进行重点保护。

对重要服务器系统配置备份与灾难恢复系统，确保一旦服务器系统被破坏无法修复时，通过灾难恢复系统快速恢复以提供正常的服务。

总之，应立足于大数据云平台基础平台建设，综合利用先进的计算技术，如云技术、微服务技术、大数据技术、数据仓库技术、数据挖掘技术和 GIS 技术等，通过构建不同类型数据库，实现对不同感知数据的存储和对不同用户的应用支撑；通过基础数据库、专题数据库以及数据仓库等数据库的构建，结合网络传输保障，实现数据共享、数据交互、数据管理；在二者的共同支撑下实现现代化生态灌区水土资源环境等要素的全面监测和合理调控管理。现代化生态灌区健康评价指标体系监测网络模式各部分支撑关系见图 4-8。

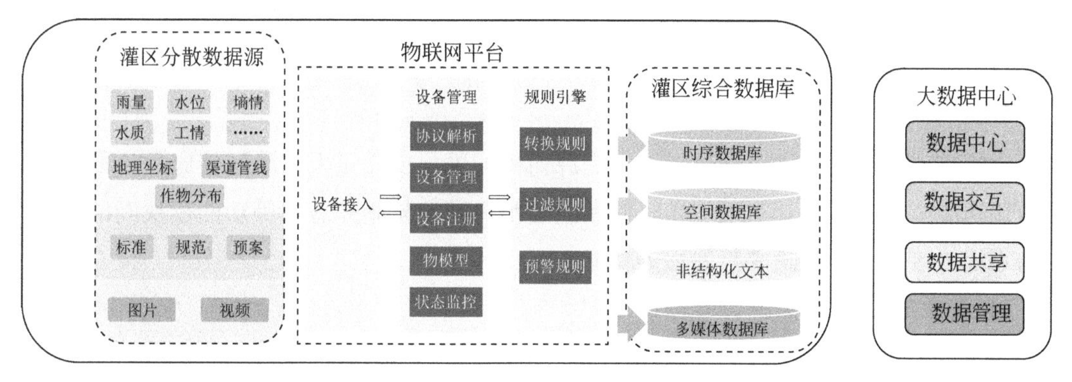

图 4-8　现代化生态灌区健康评价指标体系监测网络模式各部分支撑关系

4.3　决策支持系统模式构建

4.3.1　决策支持系统的定位及基本构成

决策支持系统是管理信息系统应用概念的深化，是解决非结构化问题，服务于高层决策的管理信息系统，并基于大量的数据库资料，对可能出现问题及相应解决措施提供的决策手段。现代化决策支持系统是践行复杂水系统决策管理过程的技术手段。灌区作为流域或区域水系统中最为复杂的部分，要实现灌区水土资源开发过程中水、肥、气、热等要素协调合理开发利用，现代化生态灌区决策支持系统是其重要的支撑手段。

为此，现代化生态灌区决策支持系统定位如下：以现代化生态灌区健康良性发展为目标，围绕灌区发展中的水土资源开发过程中水循环要素、土壤特点及其伴生过程生态环境要素的协调健康，基于大量的信息感知，能够通过借助外脑，深度挖掘，进行决策问题分析与诊断；能够通过选择合适的模型及其组合，如降水预报、种植结构变化、需水预测、中长期水资源规划和生育期水资源供给调配等，开展近期目标与长远目标相结合的决策分析；能够结合灌区大量的感知信息，开展调控方案计算分析并支持相关反馈评价，服务于数字孪生灌区的预报、预警、预演和预算“四预”功能。

4.3.2 决策支持系统的功能需求分析

现代化生态灌区决策支持系统的研发应以需求为导向，紧密围绕水土资源配置过程中以生态灌区健康发展为核心的基本功能，按照充分利用现有资源，应用新理论和先进技术成果，以及适应决策需求的建设思路，开发能够支撑实践的性能和运行环境功能，以实现安全稳定的决策支持系统功能。

1. 系统基本功能构成

决策支持系统的基本功能包括水土资源均衡配置与现代化生态灌区健康评价的基本专业应用功能，以及支撑其实现信息获取和满足用户需求与业务需求等功能模块间的信息交换与系统的接口、系统集成与展示等功能。

1）专业应用功能

基于水土资源决策支持系统的基本专业应用功能，包括实现现代化生态灌区水土资源均衡配置基本信息的获取和处理、按照一定原理或规律研制的数学模型、水资源供需预测、水资源供需形势分析与调配方案拟定、水土资源调配方案决策以及基于健康评价指标体系的后评估等。按照功能归类应包括基本信息的获取和处理、模型服务、人机交互的方案决策和方案实施与后评估功能。

（1）基本信息的获取和处理是实现决策支持系统最基本的支撑，包括社会经济信息，水情、土情和工情信息，以及与水资源调配和管理相关的所有静态和实时动态信息。这也是进行水资源管理和实施水土资源合理配置模型方案的基础。遥测遥感、现场原位观测以及相关统计数据均为获取基本信息的主要渠道。

（2）模型服务是围绕决策水土资源合理利用为目标的众多模型工具形成的“决策支撑的外脑”系统，支撑现代化生态灌区建设和管理中输配水调度方案分析以及水-土-粮食-生态系统中众要素的定量评估。具体的模型工具包括：降水预报、种植结构及作物生育期需水预测模型、供水预测、水资源供需平衡模型、输配水调度模型、多目标优化模型等专业模型工具，以及相关的统计分析模型等辅助工具。

（3）人机交互的方案决策。借助“决策支撑的外脑”系统，实现水土资源开发及其伴生过程各方案的模拟仿真，并支撑综合评价、分析方案存在的问题；通过采取工程、管理、政策等措施，对方案进行反馈修正，提出可实施方案。

（4）方案实施与后评估。依据决策实施方案，下达水资源调配指令，进行水资源调配，并对实施过程进行动态监测和监督，及时收集反馈信息，根据新的情况及时修正实施方案。最后，根据实际调配结果，分析水资源调配效果，对调配方案进行后评估，总结调配经验，提出合理化建议。

基本专业应用功能间的逻辑关系示意图见图 4-9。

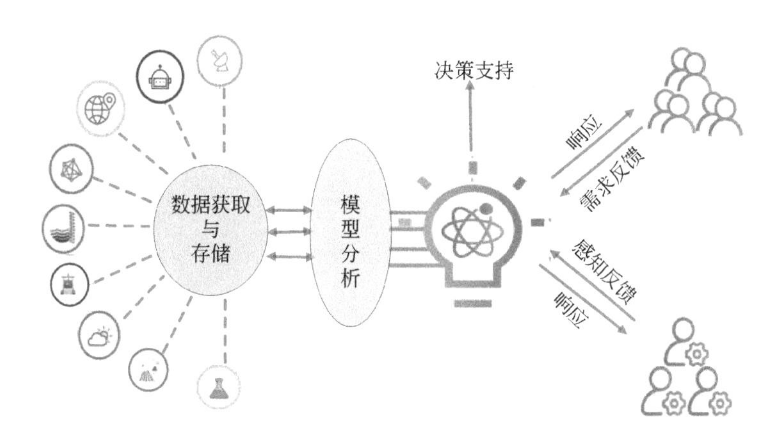

图 4-9 现代化生态灌区优化配置决策支持系统基本功能逻辑关系示意图

2）信息交换与系统的接口

现代化生态灌区优化配置决策支持系统由不同的功能子系统组成；相同功能子系统间也存在不同模块，如模型分析功能层，可由作物需水量计算、水资源调配计算、地下水模拟等子系统组成。不同功能子系统和同一子系统内各模块间相互联系，存在着大量的交互信息。现代化生态灌区优化配置决策支持系统要具备不同子系统和子系统中不同模块层间的信息交互、数据交换，甚至功能模块的调用等能力。

为保证不同子系统间协同工作，应构建信息交换的接口和系统接口；同时应针对性地对不同子系统间的信息交互和信息管理制定对应规则。信息交互主要通过下面论述的系统接口来实现。

3）系统集成与展示

系统集成最终通过对实施方案进行健康评价以及业务应用来体现，也是从系统角度通盘考量、协同完成水土资源调配任务的集中体现，具体应包括应用层、逻辑层、数据层等的集成。其中数据层集成即前述信息交互，逻辑层集成主要体现为不同子系统间功能调用关系。

系统演示（表现）是系统集成后能否很好满足需求的重要环节，良好和优化的系统展示界面能够满足用户功能、性能、习惯等方面的需求，使系统效益得到充分的发挥。该系统需根据不同用户（角色）的特点，综合考虑功能和性能，充分发挥信息技术的作用，设计和实现展示系统。

2. 系统性能与运行环境功能需求

1）系统性能总体需求

现代化生态灌区水土资源配置决策支持系统是集水情、土情、工情以及经济社会发展情况、政策建议于一体的复杂决策系统，对系统性能从响应时间、信息量的吞吐以及存储性能等方面提出较高的要求。因此，在系统性能方面，总体上要满足响应时间、吞吐量、处理时间、对主存和外存的限制等要求。

2）运行环境的要求

优化配置决策支持系统主要由应用系统、系统应用平台、支撑系统等组成。其中用户界面、系统菜单等构成了应用系统；数据库系统、模型库系统、方案库系统以及计算服务器、Web 服务器和应用服务器组件等构成了系统应用平台；计算机网络、信息接收处理系统、综合数据库等构成了支撑系统。

4.4 决策支持系统构建的基本原则与总体框架设计

4.4.1 系统构建的基本原则

基于水土资源优化配置的决策支持系统是一个规模庞大、结构复杂、功能众多、涉及面广的复杂系统，要确保预期目标的实现，系统设计、构建中应遵循以下基本原则。

（1）需求为导向，突出重点的原则。紧紧围绕“现代化生态灌区建设”中基本信息的获取和处理、模型服务功能以及合理调控等，以保障灌区水土资源优化均衡、生态环境健康发展为首要目标，聚焦灌区管理、灌区群众关注和亟待解决的问题，立足管理、立足实际需要，进行全面的业务需求分析，进行系统设计，在满足信息监测、运行管理、综合办公、决策支持的同时，突出水土合理利用这一核心设计内容。

（2）可行性与可靠性第一原则。深入了解区域特点，按照现代化生态灌区水土资源配置决策系统的基本功能要求，在系统开发设计和建设中应严格按照质量标准来组织管理，对操作系统、数据库系统、编程工具、网络结构、硬件结构等方面都要进行兼容和稳定性比选，以保障系统的可行性和稳定可靠性。

（3）实用性与先进性相统一原则。现代化生态灌区水土资源优化配置决策支持系统在建设中应坚持“在实用条件下力求先进”的主导思想。具体应结合区域的自然特点和灌区的具体情况，选择国内外先进而实用的科学技术和软硬件产品，即在充分利用计算机、网络、通信等技术基础上，选择与这些技术相适应的软硬件产品，以建设实用先进的信息化系统。

（4）高效性与安全性统一原则。该系统应就优化的数据模型结构、分区存储结构、高效的索引以及其他软硬件进行比选，以最大限度地保证数据库系统的高效性。按照系统功能和运行环境要求的不同级别，应保障系统建设中物理级别、系统级别、数据库级别以及逻辑上的安全性需要。物理网络连接方式可以提供物理级别的安全；操作系统可以提供文件、网络的安全；数据库可以提供 Table 级的安全；如果要实现逻辑上的安全，需要开发专门权限管理系统。

(5) 统一标准，扩展开放原则。在标准体系支持下，充分考虑系统的开放性、可扩展性和易维护性，为系统功能扩展和适应现代化生态灌区需求发展奠定基础。

(6) 平台共用，资源共享原则。为各个业务系统提供统一共用的平台，实现信息和资源的高度共享，避免出现信息孤岛，避免重复开发建设和资源浪费。

4.4.2 决策支持系统构建的总体框架设计

1. 总体逻辑框架

现代化生态灌区水土资源优化配置决策支持系统是一个集水土资源环境要素监测计量、模拟和决策后评估于一体的多层次多项功能综合的复杂系统。在其基本框架的设计上，应针对对象采用多层次分布式结构框架。

多层次分布式结构逐渐成熟并广泛应用，可以分布在不同的系统平台上，通过分布式技术实现异构平台间对象的相互通信；同时，应用系统只有向多层分布式转变，才能最终解决 Client/Server 结构间存在的问题。综合现代化生态灌区功能要求，应按照数据支撑层、中间服务层和应用服务层的多层分布式结构开展。具体逻辑框架见图 4-10。

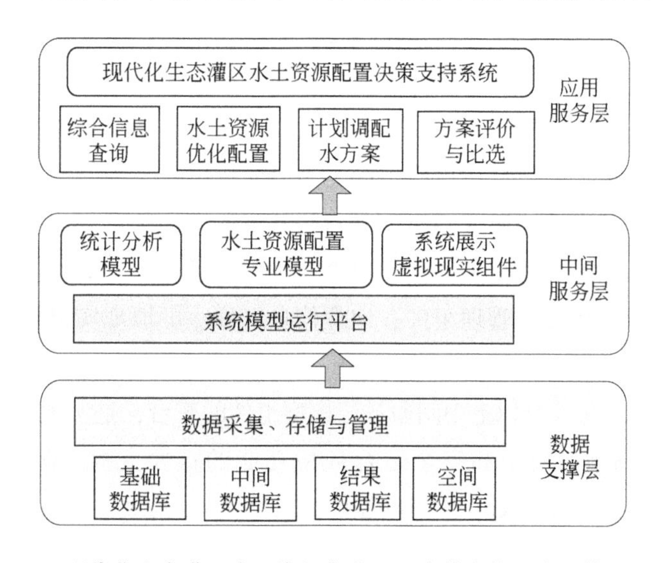

图 4-10 现代化生态灌区水土资源优化配置决策支持系统总体逻辑框架

2. 数据支撑层

数据支撑层是现代化生态灌区水土资源优化配置决策支持系统的基础信息层，其负责对决策支持系统所涉及的大量数据信息进行存储、检索、处理和维护，并能从多种渠道各类信息资源中析取，并将其转化成中间服务层所需要的结构。不仅要有源于监测和统计调查等的基础数据，同时还应存储有中间结果和最终结果数据。数据支撑层在构建中应具有比一般数据库系统更强的随机存取的性能，以及能够灵活运用模型对数据进行加工、分析、计算的性能。

数据支撑层是根据水土资源优化配置和健康评价特点和要求建立的高度结构化的数据集，应包括：基础数据库、模型数据库和结果数据库等。其中，基础数据库是决策支持系统最庞大最复杂的组成部分，包括灌区系统中不同单元的描述信息，以及社会、经济、水文、水资源等信息。模型数据库为专业数据库或者模型数据库，是决策支持系统中基础数据、结果数据和模型之间的桥梁，应用于支撑中间服务层各模型运行的各种专题数据库以及相应的空间数据库等，同时，也存储有关服务层中模型分析计算结果，为灌区上下层服务应用提供标准的数据服务与符合要求的应用支撑服务，支撑中间服务层和应用服务层。

3. 中间服务层

中间服务层也可称为模型工具层，是应用服务层的支撑环节，是按照一定组织结构形成的多个模型的集合体，可由统计分析模型、水土资源配置专业模型、系统展示虚拟现实组件等构成。

统计分析模型组件应基于灌区基础数据不同类别的数据库，根据应用的需求进行传统统计分析和数据挖掘处理。其中，数据挖掘按照关系数据库、面向对象数据库、空间数据库、时态数据库、文本数据源、多媒体数据库、异质数据库等融合机器学习方法、统计方法、神经网络方法和数据库等方法形成，为认识灌区水土资源等变化提供工具支持。

水土资源配置专业模型组件应该由不同类型的模型组成。为便于组合应用，可按照专业组件形式开发。在开发中，要遵循组件开发的技术要求，满足专业计算需求。专业模型服务组件可采用高级语言开发工具，按照组件技术规范进行。

系统展示组件可采用文档管理组件、地理信息组件、虚拟现实组件等，根据灌区管理的需求配置和集成各组件，实现灌区情势分析结果的直观体现。

系统模型运行平台是综合以上中间服务层模型组件的平台，是实现决策支持系统业务系统功能良性运行中高效、稳定和安全运行环境功能的重要支撑。应采用先进的技术如WebGIS技术（其核心是采用ActiveX对象控件嵌入网页）、高级的语言开发（Java或C++），以及高性能的网络［如浏览器/服务器（B/S）模式］，以实现图形、用户接口界面，完成系统要求，并提供基于网络的综合信息服务，支持远程访问数据的能力。

4. 应用服务层

应用服务层是现代化生态灌区健康发展的关键调控和后评价的环节，是针对生态灌区水土资源环境特点，通过数据支撑层信息的获取技术和中间服务层的定量分析工具的合理应用；同时也为将来水资源调配实时监控管理系统预留接口，实现对业务应用的支撑。具体应包括“综合信息查询”“水土资源优化配置方案”“水资源计划调配方案”等，可实现对灌区水资源、水生态、水环境、防汛抗旱、灌溉供水、政务办理、工程管理、安全管理、应急管理等灌区综合业务的全面支撑。

1）综合信息查询模块

综合信息查询主要基于地图对水土资源配置、计划调度、地下水预测等模型的特定方案成果进行综合分析和展示。本模块可按照决策分析中的基本单元，如行政区县套河（渠）系，结合河长制管理，综合地理信息系统，主要以图、表等形式在线提供灌区不同管理级别的基础信息、水资源及其调配信息，包括水资源、供水和用水信息，种植面积和种植布局等信息，以及供需平衡等信息。

综合信息查询可采用 IIS 页面服务器，结合 WebGIS 技术、ASP 技术和 JavaScript 技术等，完成信息服务功能。

2）水土资源优化配置方案模块

结合灌区水土资源配置涉及的多水源多用户和不同供水系统，可针对中长期（规划水平年）或近期（一年或几年）的水土资源调配问题提出解决方案。其中多水源，按照灌区供水特点，包括当地地表水、地下水、外调客水、非常规水等；多用户包括生活、生态、工业、农业等用户；农业用户可按照河（渠）长制进行基本单元划分，也在基本单元的基础上结合种植结构进一步划分更细单元。

3）水资源计划调配方案模块

按照“计划供水、定额管理、总量控制和合理地下水位控制”的水资源调配总体原则，以实际业务处理逻辑为基础进行流程设计，利用模型计算的优势，根据近期来水预测成果和需水预报方案，核定供水系统内总的可供水量和需水量，按照一定的配水原则将总供水量分配到各区域和各用户，生成配水方案，实现从时间、空间上对多个水资源均衡调配方案更细致的刻画，详细描述在某一年型中逐月的供水过程、区域地下水位的变化过程等。

4）方案评价与比选模块

按照现代化生态灌区健康评价指标体系，对配置方案评价按照一定的规则和方法进行优劣评判或排序。在系统中，方案评价方法应包括模型评价和管理者评价两种形式。

模型评价是利用系统预先设立的模型对备选方案进行排序。虽然模型是预先设立的，但考虑到决策者的主观意愿和偏好，在系统开发上应当允许用户在线选择不同评价指标体系并给各指标赋予不同的权重。管理者评价是决策人或管理人员在系统上调用查询各备选方案的预测实施结果，借助后评估模型或通过直接对比分析各备选方案的预测结果来确定满意方案。其关键是应能以各种方式直观、灵活地显示有关方案的结果，便于对比分析。

总之，综合灌区水、土、气、热、作物生长等信息的全面监测感知，在时空大数据支撑下，形成灌区全过程要素动态监测“一张网”；现代化生态灌区水土资源配置决策支持系统可通过计算机网络进行基础信息的收集、处理、存储，通过以共享为特征的存取组件，为应用系统提供数据、模型和方法支持；在满足物理级别、系统级别、数据库级别均稳定、高效、安全运行条件下，最终借助GIS技术和灌区大数据综合服务中心的支撑，将灌区不同层面承载水土、植被等实体的基础信息和合理的调控措施落到“一张图”上，支撑不同级别的用户界面实现对系统的操作和运行，获取系统服务；在精准化决策目标的建设条件下，支撑实现灌区健康运行管理，最终实现灌区“一张图”的管理，支撑现代化生态灌区的高质量发展。

现代化生态灌区水土资源均衡配置决策支持系统基本框架流程示意图见图4-11。

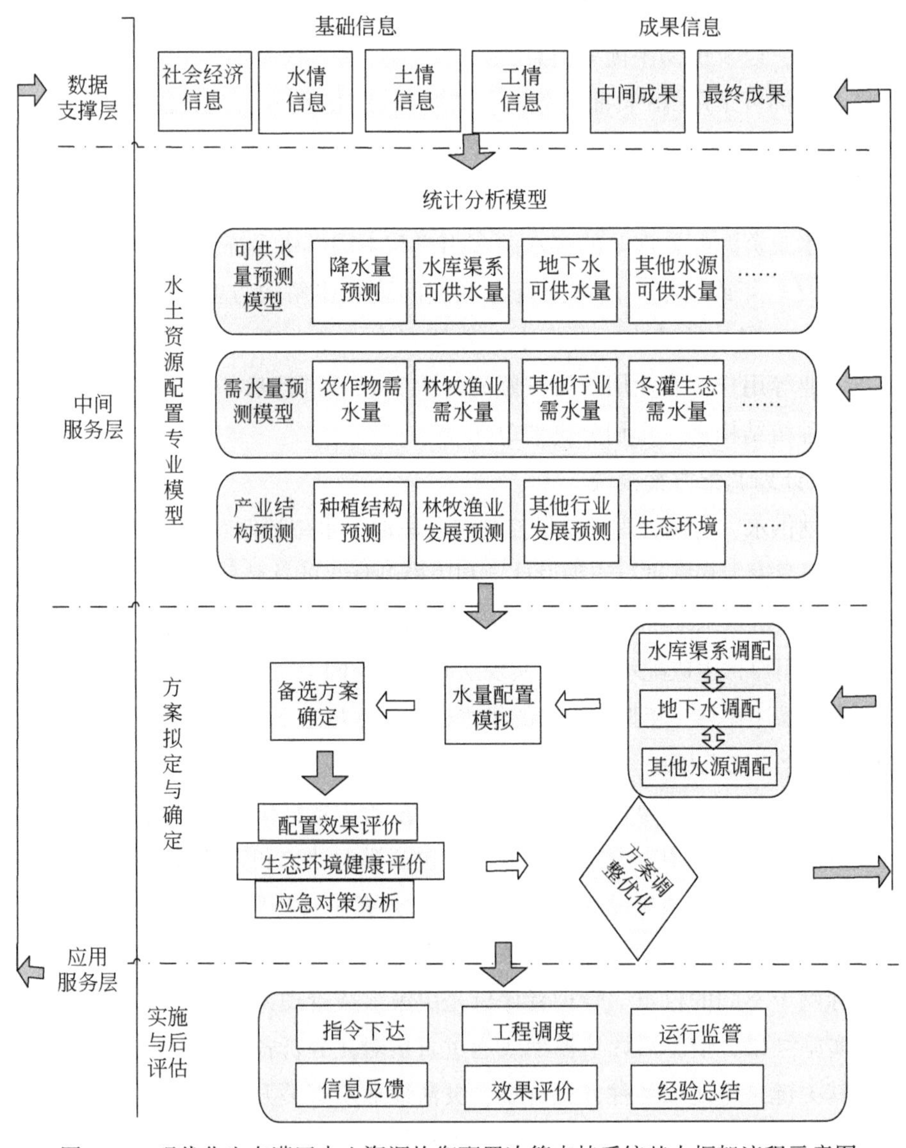

图4-11　现代化生态灌区水土资源均衡配置决策支持系统基本框架流程示意图

第5章　宁夏引黄灌区现代化生态灌区建设状况

5.1　宁夏引黄灌区建设与水土资源开发利用现状

5.1.1　宁夏引黄灌区建设现状

宁夏地处西北内陆区，干旱缺水、水资源时空分布不均，属于典型的常年灌溉区。黄河穿境而过，为宁夏灌溉创造了条件。“天下黄河富宁夏”，多年的引黄灌溉造就了宁夏“塞上江南”的美誉。宁夏引黄灌溉始于秦汉，经2200多年的建设与发展，形成三大自流灌区（青铜峡特大型自流灌区、沙坡头自流灌区和七星渠自流灌区）和两大扬黄灌区（红寺堡扬黄灌区、固海扬黄灌区）（表5-1）。根据《宁夏回族自治区新形势下黄河流域节水潜力及供需形成分析专题报告》（2019年），宁夏共有大型灌区5处，中型灌区19处（其中14处为自流灌区，5处为提水灌区），小型灌区222处（其中提水灌区73处，自流灌区149处）和黄河水不能达到的纯井灌区180处。据《宁夏水利年鉴》，截至2019年，宁夏耕地有效灌溉面积807.4万亩，五大灌区占90.2%。在逐年配套建设中，实灌面积远超设计灌溉面积，达到829万亩。

表5-1　2015年宁夏引（扬）黄灌区灌溉面积及配套渠系情况

统计指标		青铜峡灌区	沙坡头灌区	七星渠灌区	固海灌区	红寺堡灌区
实际灌溉面积/万亩	总计	507.26	73.68	36.14	137.51	73.36
	自流灌溉	414.94	41.51	36.14		
	扬水灌溉	92.32	32.17			
配套渠系/km	输水干渠总长	1175.7	343.08	120.6	457.7	156.55
	排水渠长	737.5	170.61	49.8		

资料来源：宁夏引黄现代化生态灌区建设规划（2019年报批稿）

借助黄河穿境而过的优势，引黄灌区成为宁夏经济社会发展的精华地带。按照灌区所涉银川、石嘴山、吴忠和中卫4地市统计，引黄灌区以占不到全自治区一半的土地，支撑了全自治区81.99%的人口和68.7%的耕地面积，生产了76.6%的粮食，保障了全自治区粮食自给（宁夏人均粮食达到537.2kg，大于全国470kg），成为全国12个商品粮生产省区之一。同时，宁夏作为我国能源“金三角”的重要一极，引黄灌区范围内分布有丰富的煤炭、石膏、石灰岩等矿产资源，在全区“倚农倚能”产业中，引黄灌区在宁夏经济发展中发挥着重要作用。宁夏引黄灌区具体经济社会发展指标见表5-2和表5-3。

表5-2　2019年宁夏引黄灌区4地市人口及分布状况

分区	总人口/万人	城镇人口/万人	人口密度/(人/km²)	占全自治区之比/%	
				总人口	城镇人口
宁夏	694.7	415.8	176		
引黄灌区4地市合计	569.6	366.9	187	81.99	88.23
银川市	229.3	181.3	470	33.01	43.60
石嘴山市	80.6	60.7	481	11.60	14.60
吴忠市	142.2	72.2	115	20.47	17.36
中卫市	117.5	52.7	102	16.91	12.67

表5-3　2019年宁夏引黄灌区4地市经济社会发展情况统计

分区	GDP		耕地面积/万亩	粮食产量/万t	占全自治区之比/%		
	合计/亿元	其中二产占比/%			GDP	耕地面积	粮食产量
宁夏	3748.5	42.3	1955.1	373.15			
引黄灌区4地市合计	3425.8	44.4	1344.1	285.84	91.4	68.7	76.6
银川市	1896.8	43.7	213.5	66.29	50.6	10.9	17.8
石嘴山市	511.2	48.7	137.7	48.96	13.6	7.0	13.1
吴忠市	580.2	44.3	534.6	102.32	15.5	27.3	27.4
中卫市	437.6	42.7	458.3	68.27	11.7	23.5	18.3

5.1.2　水资源及其开发利用状况

1. 水资源状况

宁夏降水量稀少，蒸发强烈，当地水资源量少质差，时空分布不均，与农作物生育期错位分布，是我国严重的资源型缺水地区之一。据第三次全国水资源调查评价，宁夏多年平均降水量289mm，70%集中于汛期的6~9月，空间上呈现由南向北递减趋势，南北相差悬殊，南部六盘山多年平均降水量700mm，北部黄河两岸引黄灌区多年平均降水量仅180mm，作物生育期3~9月不足100mm。

蒸发量与降水量逆向分布。按照 E601 蒸发皿监测统计，宁夏多年平均（1980 ~ 2017 年系列）水面蒸发量 1218mm，是全国蒸发量最大的省份之一。陆面蒸发维持在 500 ~ 1000mm，其中引黄灌区由于大量引用黄河水灌溉，实际陆面蒸发量达到 1200mm，加上其他人工用水量，引黄灌区成为全区水资源消耗最大的区域。

入不敷出的自然水循环特点，造成了宁夏资源性缺水的自然禀赋。加上经济社会发展与天然来水空间分布错位，人均水资源、耕地亩均水资源占有量区域差异较大（表 5-4 和图 5-1），加剧了当地水资源的短缺，加大了对黄河过境水资源的依赖。根据第三次全国水资源调查评价，引黄灌区 4 地市水资源总量为 6. 291 亿 m^3，仅占全区的 51. 9%。由于人口和耕地分布集中，按照 2019 年人口和耕地统计，引黄灌区人均水资源量仅为宁夏人均水资源量 174m^3的 63%，不足全黄河流域平均水平的 1/5，仅为全国平均水平的 4. 9%，远低于国际公认的人均 500m^3的极度缺水标准；耕地亩均水资源量为 47m^3，仅为宁夏平均水平的 75. 5%。

表 5-4　引黄灌区 4 地市水资源状况　　单位：亿 m^3

	降水量	地表水资源量	地下水资源量	与地表水重复量	水资源量
宁夏全区	149. 651	9. 056	27. 746	24. 686	12. 115
宁北地区	99. 448	3. 766	25. 086	22. 561	6. 291
银川市	13. 437	0. 887	8. 655	8. 090	1. 452
石嘴山市	7. 595	0. 818	4. 825	3. 842	1. 801
吴忠市	43. 108	0. 966	6. 719	6. 031	1. 654
中卫市	35. 308	1. 095	4. 887	4. 598	1. 384

资料来源：宁夏水文水资源勘测局，宁夏回族自治区水资源综合调查评价（2019 年）

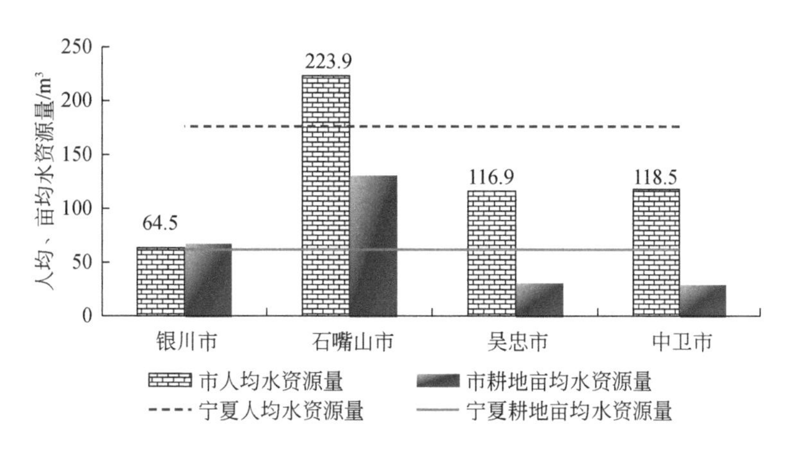

图 5-1　沿黄灌区 4 市多年人均水资源、耕地亩均水资源分布状况

根据国务院批准通过的《黄河可供水量分配方案》（黄河“八七”分水方案），在黄

河正常来水条件下，在南水北调西线生效之前，按照耗水量口径，宁夏可消耗黄河地表水资源量40亿 m^3，其中引黄灌区可利用黄河过境水量37.0亿 m^3，占全自治区过境可利用水资源量的92.5%。

按照取水口径，根据《国务院办公厅关于印发实行最严格水资源管理制度考核办法的通知》（国办发〔2013〕2号）和宁夏回族自治区人民政府《实行最严格水资源管理制度考核办法》（宁政办发〔2013〕61号），宁夏取水总量控制指标为73.27亿 m^3，其中引黄灌区为72.30亿 m^3。

2. 水资源开发利用状况

据《宁夏水资源公报》统计数据，尽管2011～2020年引（扬）黄灌区所在区域供水量（当地水供水量）、黄河水供水量总体均呈下降趋势（表5-5），但是黄河水供水量占总供水量比例一直维持在90%左右，即使在2018年自然来水偏丰的条件下，引黄水量处于最低，也仍达58.152亿 m^3，占总供水量的90%，其中96.1%用于农业灌溉。在空间上，引黄水量主要分布在引黄灌区（表5-6），尤以青铜峡灌区占比较大。2020年全区黄河水供水量为60.866亿 m^3，其中灌区引黄水量为58.840亿 m^3；青铜峡灌区引黄水量占引黄灌溉水量的66.73%，且主要用于农业灌溉。2020年全区农业用水量占总用水量的83.53%，农业灌溉用水量占90%以上（表5-7）。在灌溉工程和节水灌溉措施的支撑下，有效保障了有限水资源约束下宁夏灌区的发展。

表5-5　2011年以来宁夏引（扬）黄灌区4地市供水结构变化

年份	总供水量/亿 m^3	当地水供水量/亿 m^3			黄河水供水量/亿 m^3		黄河水供水量/总供水量/%	引黄灌溉水量/黄河水供水量/%
		地表水	地下水	再生水	水量	其中灌溉水		
2011	72.445	0.257	5.192	0	66.996	65.238	92.5	97.4
2012	68.151	0.238	5.052	0.114	62.747	60.89	92.1	97.0
2013	70.922	0.271	4.979	0.138	65.534	63.3	92.4	96.6
2014	68.988	0.281	4.978	0.162	63.567	61.613	92.1	96.9
2015	67.431	0.273	4.528	0.161	62.469	62.032	92.6	99.3
2016	63.43	0.193	4.768	0.202	58.267	56.09	91.9	96.3
2017	64.636	0.126	5.038	0.224	59.248	56.668	91.7	95.6
2018	64.7	0.78	5.522	0.246	58.152	55.868	89.9	96.1
2019	66.641	0.082	6.251	0.206	60.102	57.879	90.2	96.3
2020	66.976	0.113	5.746	0.251	60.866	58.840	90.9	96.7

注：灌溉水量为《宁夏水资源公报》引（扬）黄灌溉水量

表 5-6　2014～2020 年宁夏主要灌区引黄水量统计　　（单位：亿 m^3）

年份	引黄水量			
	卫宁灌区	青铜峡灌区	其他灌区	总计
2014	17.68	43.93		61.61
2015	17.40	44.64		62.04
2016	16.09	38.06	1.95	56.10
2017	16.35	38.87	1.45	56.67
2018	16.45	37.84	1.58	55.87
2019	17.46	40.42	1.86	59.74
2020	17.46	39.27	2.11	58.84

注：其中卫宁灌区包括沙坡头灌区、七星渠灌区、固海灌区和红寺堡灌区

表 5-7　宁夏用水结构变化

年份	用水量/亿 m^3					比例/%			
	合计	农业	工业	生活	生态	农业	工业	生活	生态
2000	87.198	80.739	4.768	1.691		92.59	5.47	1.94	0.00
2005	78.075	72.774	3.456	1.845		93.21	4.43	2.36	0.00
2010	72.37	66.369	4.121	1.88		91.71	5.69	2.60	0.00
2015	70.367	63.682	4.353	2.332		90.50	6.19	3.31	0.00
2018	66.167	56.298	4.344	3.306	2.219	85.08	6.57	5.00	3.35
2019	69.901	59.273	4.427	3.769	2.432	84.80	6.33	5.39	3.48
2020	70.203	58.641	4.192	3.705	3.665	83.53	5.97	5.28	5.22

5.1.3　土地资源及开发利用状况

1. 土地资源

宁夏地跨黄土高原和内蒙古高原，疆域轮廓南北长东西短，地势自南向北逐渐递减，呈阶梯状下降。地形地貌多样，山地和高原占 3/4，主要分布于南部黄土丘陵及六盘山山地、东部的鄂尔多斯台地和贺兰山山地区域；平原占 1/4，集中于北部地区。有限的平原区在贺兰山、六盘山天然屏障的保护下，借助黄河穿境而过的有利条件，成为华北西缘西北干旱荒漠草原生态屏障。

沿黄灌溉绿洲区地势低缓，土壤类型多样，山水林田湖草沙自然生态要素齐全。农田作为联系自然和人工生态的有机构成，在保护和开发土地资源中发挥着重要作用。截至 2019 年底，全区农用地 360.6 万 hm^2，主要分布在沿黄河干流和主要支流区域，90% 以上

集中在引黄灌区。

2. 土地资源开发利用状况

引黄灌区作为经济发达区域，尽管土地利用结构以农业用地为主，但随着工业化和城镇化进程的推进，土地利用结构发生了较明显变化。根据中国土地利用现状 1km×1km 遥感影像，对比引黄灌区 4 地市 2000 年、2005 年、2010 年、2015 年和 2018 年五期土地利用类型发现，2000 年以来，引黄灌区林地、草地、耕地、未利用地均呈现减少趋势，居工地和水域面积呈现增长趋势。在耕地的利用中，粮食作物种植面积整体在减少，高耗水农作物蔬菜、瓜果类在增加；在粮食种植中，以玉米增加为主。

2000～2018 年土地利用变化和典型农作物种植结构变化见表 5-8 和图 5-2。

表 5-8　2000～2018 年土地利用变化

土地利用类型	2000 年 /km²	2005 年 /km²	2010 年 /km²	2015 年 /km²	2018 年 /km²	2018～2000 年变化量/km²	变化率 /%
耕地	6681	6412	6470	6602	6444	−237	-3.55
林地	952	971	961	935	882	−70	-7.35
草地	9978	9868	9934	9667	9470	−508	-5.09
水域	754	763	751	781	789	35	4.64
居工地	632	748	883	1159	1612	980	155.06
未利用地	3742	3977	3740	3595	3542	−200	-5.34
总计	22 739	22 739	22 739	22 739	22 739	0	0.00

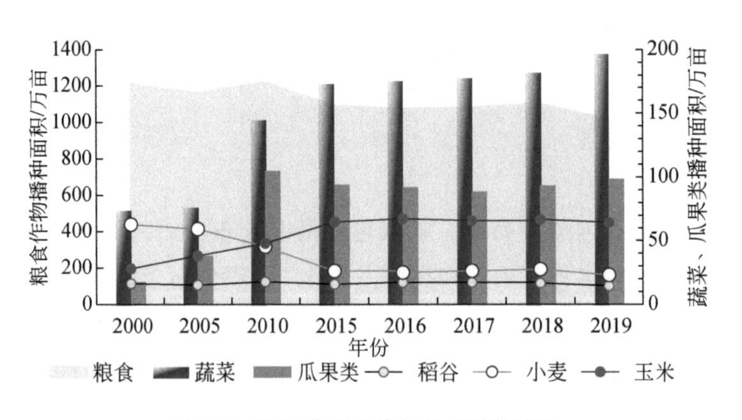

图 5-2　宁夏典型农作物种植结构变化

5.1.4 引黄灌区取得的成就与健康发展面临的问题

伴随着水土资源开发利用的转变，为保障有限水资源和耕地资源下粮食安全和区域生态安全，灌区发挥了重要的作用，也面临着新的问题。

1. 引黄灌区发展取得的成就

20 世纪 50 ~70 年代对旧渠系进行了大规模的扩建改造，裁并扶农、太平、昌滂等旧渠，新开第一、二农场渠，跃进渠、西干渠、东十渠等干支渠；80 ~90 年代重点对渠道进行除险加固和更新改造；90 年代实施续建配套和节水改造工程，砌护渠道、改造建筑物、建设信息化，引黄灌区灌排系统日益完善，供水保证率大幅提高，灌溉规模迅速发展，有效保障了有限水资源对农业发展的支撑。

据《宁夏水利统计公报》，2019 年全自治区规模以上灌区渠道长度达 1.97 万 km，渠道衬砌防护率达到 70.13%，全自治区机电井数量达到 12.41 万眼。在引黄工程和地下水取水工程的支撑下，灌溉面积逐年增长。2019 年全自治区有效灌溉面积增长到 807.4 万亩，耕地实灌面积增加到 730.3 万亩，耕地灌溉率达到 41.3%，耕地实际灌溉率提高到 90.4%。其中，引黄灌区涉及的 4 地市 13 个县区，除中卫市外，其他 3 地市耕地灌溉率均达到 89% 以上，耕地实际灌溉率均维持在 84% 以上。加上扬黄工程的建设，有效促进了宁夏灌溉农业的发展，保障了粮食 18 连增的佳绩。2019 年引黄灌区涉及的 4 地市耕地灌溉情况详见表 5-9。

表 5-9 2019 年引黄灌区主要涉及 4 地市 13 个县（区）耕地灌溉发展统计

分区	耕地面积/万亩	有效灌溉面积/万亩	耕地实灌面积/万亩	耕地灌溉率/%	耕地实际灌溉率/%
全区	1955.1	807.4	730.3	41.3	90.5
引黄灌区4地市合计	670.7	542.7	511.1	80.9	94.2
银川市	213.5	198.6	167	93	84.1
石嘴山市	137.7	138.1	138.1	100.3	100
吴忠市	104.7	94	94	89.8	100
中卫市	214.8	112	112	52.1	100

注：吴忠市包括利通区和青铜峡市；中卫市包括沙坡头区和中宁县

2. 引黄灌区健康发展面临的问题

宁夏水资源禀赋差，黄河引水量受限；耕地减少、种植结构非粮化；在长期开发利用中，引黄灌区的健康发展受到影响。随着黄河生态保护和高质量发展，“四水四定”政策严格落实，灌区水资源将面临着更加严峻挑战。

1）水资源受限，用水结构不合理、效率低，灌区水资源供需矛盾凸显

宁夏当地水资源有限，入不敷出的自然禀赋加大了对黄河过境水的依赖。然而，黄河来水衰减的不利情势，加上先行区建设中产业转型，灌区供水保障受到威胁。据《黄河流域水资源评价成果》研究和中国科学院咨询项目“黄河水与工程方略”项目研究预测，预计未来15～30年，黄河流域地表水资源量将大幅度衰减，未来将大概率衰减稳定到459亿m^3左右；届时，全域缺水量进一步增加，农业作为用水大户，预计到2035年缺水量达130亿m^3，上游缺水110亿m^3。按照国务院“八七”分水方案丰增枯减原则，宁夏引黄水量将减少。宁夏引黄灌区作为黄河上游区的主要用水户，其可利用的水资源将更加有限，且近些年全区黄河水供水量达到62亿m^3，占分配指标比例达95%，可消耗的黄河水资源已趋上限。

随着经济社会快速发展，用水总量控制红线的刚性约束日益增强，灌区供需水矛盾将更加凸显。与2025年用水总量控制红线相比，现状引黄灌区4地市水资源承载力总体处于临界超载状态（表5-10）。据相关研究调研，北部引黄灌区20万亩的灌区渠系末梢仅能靠排水灌溉，水量水质均不能保证，中部扬黄灌区仍有73万亩有效灌溉面积仅能在用水高峰期少量补充灌溉。

表5-10　引黄灌区4地市水资源承载力综合状况

分区	用水总量红线/亿 m^3		红线-现状用水量/亿 m^3		红线承载状况
	2020年	2025年	2020年	2025年	
全区	73.27	73.27	3.067	3.067	有余
银川市	24.7	22.15	3.082	0.532	受限
石嘴山	12.29	12.18	-0.471	-0.581	超载
吴忠市	18.28	18.72	0.163	0.603	受限
中卫市	14.18	14.56	-0.300	0.080	临超载

在此约束下，尽管用水效率整体在提高，但目前灌区用水结构不合理，大引大排依然存在，灌溉用水效率仍偏低，用水浪费依然存在，进一步加剧了灌区水资源的短缺。据统计，2021年宁夏三次产业结构比例8.1：44.7：47.2，产值最低的农业用水占83.5%，远高于全国62.1%和黄河流域66.9%的平均水平，处于西北五省（自治区）第2高位，仅低于新疆。尽管宁夏灌溉水有效利用系数为0.561，但引黄灌区的灌溉水利用系数整体相对偏低，在0.461～0.505波动。引黄灌区的高效节水灌溉面积更是不足30%，远低于全自治区（44.9%）和全国（45.5%）平均水平。2021年全区万元GDP用水量为151m^3/万元，分别为全国51.8m^3/万元和黄河流域44.6m^3/万元的2.92倍和3.39倍，即使与相似

的黄河上游区域相比，也超出 1.62 倍；全区人均用水量 942m^3，为全国和黄河上游区域用水量的 2.25 倍和 1.50 倍。

2）生态环境脆弱，土地利用非农化转变，灌区生态系统稳定性受威胁

宁夏处于干旱半干旱的气候敏感区域，是以干旱草原、荒漠草原为主的生态环境脆弱带。土壤类型中半数以上为风沙土，生态抗干扰能力较弱，自我修复能力较差。随着高强度人类活动的影响，天然生态系统的稳定性受到破坏；加上气候变化，土地和植被退化愈演愈烈，土壤沙化、土地资源和生物资源破坏日益凸显。

根据地下水监测资料，宁夏引黄灌区地下水位整体呈现下降趋势，其中青铜峡灌区地下水埋深由 2001 年的 1.69m 下降为 2020 年的 2.73m（图 5-3），卫宁灌区由 2003 年的 2.13m 下降为 2.75m；地下水埋深在 2m 以上的灌区面积均呈现增加趋势。其中，银川周边、石嘴山大武口区主要采用第一承压含水量组、山前单一潜水级第一承压水，在长期的开发利用中形成了不同类型的地下水超采。依赖于地下水补给的湖泊湿地退化明显。据《宁夏回族自治区主要河湖生态水量确定方案编制与研究成果报告》（2019 年），2009 ~ 2017 年，全市湿地资源减少 15.6 万亩。其中以沼泽湿地减少最多，高达 29.7%，影响灌区生境的同时，增加了人工补水压力。同时，受地形和地质条件的影响，灌区局地又存在地下水位埋深变浅，土壤盐渍化问题严重，加剧了区域水土环境压力。据统计，宁夏地区各类盐渍土地约占可利用土地面积的 7.87%，其中 80% 以上分布于银北地区；银北地区耕地面积的 59.1% 为盐碱地。

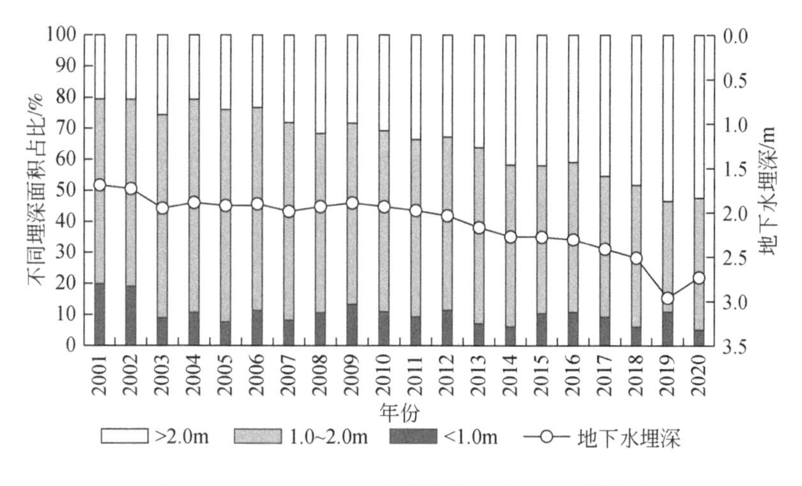

图 5-3　2001 ~ 2020 年青铜峡灌区地下水埋深变化

另外，追求高产出的过程中化肥农药的高投入，导致灌区面源污染严重。尽管 2015 年以来，自治区实行农药化肥施用总量控制，实现了施用总量“零”增长，但是单位耕地面积和单位播种面积化肥施用量仍偏高。大量化肥农药残余量伴随水循环进入土壤和水体，威胁着灌区土壤和水体环境状况，也给农产品的品质带来隐患。根据 2019 年《宁夏生态环境状况公报》，2019年自治区化肥利用率仅为39.6%，小麦、玉米和水稻三大粮食作物农药利用率为40.2%。尽管化肥、农药利用率略高于全国平均水平，但远达不到欧洲发达国家50%～60%的利用率。

3）工程保障不足，精细化监管难度大，水土资源均衡发展受影响

尽管经过多年的建设，宁夏依托黄河水形成了“引（扬）黄水网为支撑、当地水为补充”的总体供水格局，但是由于供水管网格局不完善，调蓄能力不足，仍存在农业用水关键期无法供水，农业灌溉与城镇生活争水等问题。据调查，在宁夏北部引黄灌区，虽然水资源条件最好，基本全部可实现引黄自流灌溉，但是由于引水线路较长，缺乏足够的调蓄工程，在灌溉高峰期存在灌区末端灌溉困难的情况；在中部地区，绝大部分的生活、生产用水均依靠现有的固海扬黄灌溉工程、固海扩灌扬水工程、盐环定扬黄工程、红寺堡扬水工程等，而对应的扬水工程属于长距离引水、高扬程引水，引水干渠长度分别为245.98km、220km、123.6km、104km，其间缺乏调蓄工程，调蓄能力严重不足，运行成本也高，加上灌溉和城乡生活用水共用线路，争水情况严重，供需矛盾突出。

同时，农业用水精准监测计量不到位，计量到斗、到户尚未实现，难以与高效节水灌溉技术的快速推广相匹配，信息化建设缺乏系统性，智能化管理水平低，“总量控制、定额管理”等一系列灌溉用水管理制度未能充分发挥作用，“大锅水”现象依然普遍。另外，围绕土地集约化、规模化经营，用水主体由传统的村队和一家一户的经营模式，逐渐转变为家庭农场、专业大户、农民合作社、农业产业化龙头企业等新型农业经营主体，对供水提出更高要求，但是由于分散式不稳定经营方式以及灌溉水利工程采用专管和群管共存的管理方式，进一步加大了监测计量的难度，加之管理制度落实不到位，不仅影响工程的执行效益，而且造成农业水费收缴率不足。

在以上工程和非工程措施的共同作用下，加上退耕还林还草政策的实施，耕地和有效灌溉面积的空间转移，水土资源错位加重。

5.2 引黄灌区现代化生态灌区建设的重要性

2019年9月18日，习近平总书记在郑州主持召开的黄河流域生态保护和高质量发展座谈会，将黄河流域生态保护和高质量发展定位为重大国家战略，要求“共同抓好大保护，协同推进大治理……让黄河成为造福人民的幸福河”，并提出了加强生态环境保护、保障黄河长治久安、推进水资源节约集约利用、推动黄河流域高质量发展，以及保护、传承、弘扬黄河文化5点要求。2016年7月和2020年6月习近平总书记先后视察宁夏，强调指出，赋予宁夏努力建设黄河流域生态保护和高质量发展先行区的使命任务。沿黄灌溉绿洲肩负着不可推卸的重任。引黄灌区作为黄河高质量发展先行区的核心地带，灌区的健康发展成为践行黄河生态保护和高质量发展的重要组成。

现代化生态灌区建设是保障灌区健康发展的首要任务。遵循引黄灌区自然、社会独特的双重属性，在生态优先、绿色发展原则的指导下，充分利用现代化、智能化技术手段，从宏观水土资源配置到实践监测跟踪再到反馈调控，开展水-土-粮食-生态各环节相互协调的现代化生态灌区建设和改造，这不仅有益于保障我国粮食安全和区域生态安全，而且对黄河高质量发展先行区建设具有重要意义。

第6章　贺兰县灌区水土资源均衡配置

6.1　研究区域基本情况

贺兰县灌区位于青铜峡灌区中北部，在长期的灌溉发展中形成与青铜峡灌区相似的水资源开发利用及其伴生的生态环境问题。为此，以贺兰县灌区为例，阐述现代化生态灌区建设的实践。

贺兰县是银川市下辖的农业县，位于东经105°53′～106°36′，北纬38°27′～38°52′，南与银川市区相连，东临黄河，北与平罗县相邻，西与内蒙古自治区阿拉善左旗接壤，土地总面积119 757.09km²。地形地貌和土地利用多样，兼具山地、平原和沙地地貌，分布有山水林田湖草沙，耕地占比较高。2017年土地利用情况见表6-1。

表6-1　2017年贺兰县土地利用情况

土地利用类型		面积/km²	比例/%
农用地	耕地	43 932.28	36.68
	园地	1 130.25	0.94
	林地	19 548.57	16.32
	草地	12 023.42	10.04
	其他农用地	16 244.45	13.56
	合计	92 878.97	77.56
建设用地	城乡建设用地	7 229.55	6.04
	交通水利用地	1 066.02	0.89
	其他建设用地	796.76	0.67
	合计	9 092.33	7.59
其他土地		17 785.79	14.85
土地总面积合计		119 757.09	100.00

贺兰县当地水资源有限，多年平均（1956～2000年系列）降水量193mm，蒸发量1716.8mm，水资源总量0.597亿m³，其中当地地表水资源量为0.294亿m³，多以洪水形

式出现，难以开发利用。全县可利用当地水资源为地下水，其可开采总量仅为 0.88 亿 m^3。黄河过境水量多年平均为 8.30 亿 m^3，引黄取水量占过境水量一半以上。但受最严格水资源管理用水总量红线约束，按照《黄河流域生态保护和高质量发展先行区“四水四定”研究报告》（2021 年 5 月版）全县用水总量（不含农垦）控制指标：2020 年为 5.55 亿 m^3，其中，黄河水 5.20 亿 m^3，地下水 0.35 亿 m^3；2025 年为 5.31 亿 m^3，其中，黄河水 4.59 亿 m^3，地下水 0.64 亿 m^3，非常规水 0.08 亿 m^3；2035 年为 5.87 亿 m^3，其中，黄河水 5.43 亿 m^3，地下水 0.37 亿 m^3，非常规水 0.07 亿 m^3。

在用水总量指标约束下，2017 年全县用水总量 5.36 亿 m^3，其中引黄水量 4.877 亿 m^3，地下水 0.483 亿 m^3，其中 95.0% 用于农业。在灌溉的保障下，全县农作物播种面积相对稳定（表 6-2）。截至 2017 年底，全县主要农作物播种面积为 69.40 万亩，其中粮食作物播种面积占 54.02%，经济作物占 45.98%。在粮食作物中，三大典型粮食作物水稻、小麦和玉米占比较大，分别占粮食作物播种面积的 53.19%、25.95% 和 20.33%；经济作物播种面积中以蔬菜播种面积占比最大，占经济作物播种面积的 69.54%。

表 6-2　2007～2017 年贺兰县农作物种植情况　　（单位：万亩）

年份	播种面积	粮食作物播种面积				经济作物播种面积	
		小计	水稻	小麦	玉米	小计	蔬菜
2007	75.69	60.88	22.72	16.13	21.43	14.82	11.25
2008	71.08	52.93	19.16	15.09	17.91	18.15	14.67
2009	75.40	54.95	22.23	16.67	15.03	20.45	17.17
2010	73.36	49.31	22.37	11.95	14.80	24.05	20.11
2011	74.52	49.22	22.78	13.13	13.12	0.00	0.00
2012	75.48	49.33	23.57	11.64	13.60	25.82	21.25
2013	67.74	42.38	21.91	9.86	10.43	25.37	21.50
2014	67.01	37.57	19.58	7.26	10.48	29.45	22.62
2015	73.35	40.65	20.85	8.19	11.30	32.70	25.82
2016	77.28	40.39	20.14	10.17	9.65	36.89	25.58
2017	69.40	37.49	19.94	9.73	7.62	31.91	22.19

资料来源：《宁夏统计年鉴 2018》

随着人口增长，经济快速发展，加上农业种植结构中高耗水农作物（水稻和蔬菜）种植面积占比较大的现实情势，水资源需求量增加，刚性约束趋紧。在节水设施配套不完善，监管不足的情况下，缺水与浪费并存，地下水超采与盐渍化并存，影响着区域的可持续发展。立足区域有限水土资源，开展水土资源均衡配置，是协调生态和经济社会发展的根本保障。

6.2 水土资源均衡配置基本单元划分与网络概化

贺兰县地势西南高东北低，自西南向东北呈扭曲面倾斜，引黄农业灌溉区属青铜峡灌区，按照干支渠灌溉体系，贺兰县灌溉水源主要来自西干渠、唐徕渠、汉延渠和惠农渠四大干渠。根据贺兰县行政区划和各干支渠灌域实际管理情况，结合乡级河（渠）长制的管理特点，以乡镇（农牧场）嵌套各干渠管理所灌域划分基本单元，共划分基本计算单元20个，各计算单元划分结果见表6-3。

表6-3　贺兰县灌区水土资源配置基本计算单元

<table>
<tr><th colspan="2">干渠-管理所</th><th>编号</th><th>计算单元名称</th><th>计算单元代号</th></tr>
<tr><td colspan="2" rowspan="3">惠农渠</td><td>1</td><td>立岗镇-惠农渠灌域</td><td>LG-HN</td></tr>
<tr><td>2</td><td>京星农牧场-惠农渠灌域</td><td>JX-HN</td></tr>
<tr><td>3</td><td>金贵镇-惠农渠灌域</td><td>JG-HN</td></tr>
<tr><td colspan="2" rowspan="3">汉延渠</td><td>4</td><td>金贵镇-汉延渠灌域</td><td>JG-HY</td></tr>
<tr><td>5</td><td>习岗镇-汉延渠灌域</td><td>XG-HY</td></tr>
<tr><td>6</td><td>立岗镇-汉延渠灌域</td><td>LG-HY</td></tr>
<tr><td rowspan="12">唐徕渠</td><td rowspan="5">满达桥管理所</td><td>7</td><td>立岗镇-唐徕渠满达桥所灌域</td><td>LG-TLMDQ</td></tr>
<tr><td>8</td><td>洪广镇-唐徕渠满达桥所灌域</td><td>HG-TLMDQ</td></tr>
<tr><td>9</td><td>常信乡-唐徕渠满达桥所灌域</td><td>CX-TLMDQ</td></tr>
<tr><td>10</td><td>宁夏原种场-唐徕渠满达桥所灌域</td><td>YZC-TLMDQ</td></tr>
<tr><td>11</td><td>习岗镇-唐徕渠满达桥所灌域</td><td>XG-TLMDQ</td></tr>
<tr><td rowspan="4">南梁管理所</td><td>12</td><td>习岗镇-唐徕渠南梁所灌域</td><td>XG-TLNL</td></tr>
<tr><td>13</td><td>常信乡-唐徕渠南梁所灌域</td><td>CX-TLNL</td></tr>
<tr><td>14</td><td>南梁台子-唐徕渠南梁所灌域</td><td>NL-TLNL</td></tr>
<tr><td>15</td><td>暖泉农场-唐徕渠南梁所灌域</td><td>NQ-TLNL</td></tr>
<tr><td rowspan="2">暖泉管理所</td><td>16</td><td>暖泉农场-唐徕渠暖泉所灌域</td><td>NQ-TLNQ</td></tr>
<tr><td>17</td><td>洪广镇-唐徕渠暖泉所灌域</td><td>HG-TLNQ</td></tr>
<tr><td>崇岗管理所</td><td>18</td><td>暖泉农场-唐徕渠崇岗所灌域</td><td>NQ-TLCG</td></tr>
<tr><td colspan="2" rowspan="2">西干渠</td><td>19</td><td>暖泉农场-西干渠灌域</td><td>NQ-XG</td></tr>
<tr><td>20</td><td>洪广镇-西干渠灌域</td><td>HG-XG</td></tr>
</table>

6.3 “双总量”约束下水土资源均衡配置模型构建

围绕贺兰县灌区水土资源匹配度不高、水资源刚性约束强、灌溉水有效利用率偏低、耕地盐渍化严重等现实问题，根据现状和“四水四定”农业灌溉最大可利用水量，以提高节水效率和地下水位合理控制为关键，按照第 3 章水–土–粮食–生态协调的水土资源均衡配置方法的整体思路，构建基于用水总量和合理地下水位约束的水土资源均衡配置模型。通过用水总量和合理地下水位共同约束，揭示现状配置格局存在问题，提出保障未来水土资源均衡配置的优化调控方案，为区域生态环境改善、经济社会可持续发展提供水土资源合理调控的方向。

6.3.1 水土资源均衡配置模型构建

1. 空间均衡优化模块

各用水户的供水优先顺序为生活、生态、工业和农业。生态需水主要为河湖补水。考虑到多数湖泊连接大小不同的鱼塘发展养殖业，因此生态供水包含鱼塘用水。为实现灌区水土资源的空间均衡配置，将农业水土资源均衡度作为优化目标之一，采用区域农业灌溉水量与区域耕地上各种农作物的灌溉需水量的比值反映农业水土资源的均衡状况。具体表示为

$$E = (\mathrm{IS}_i + \mathrm{IG}_i) / \sum_{i=1}^{n} W_i \tag{6-1}$$

式中，E 为农业水土资源均衡度；IS_i和 IG_i分别为第 i 个计算单元全年地表水灌溉水量和地下水灌溉水量，万 m^3；W_i为第 i 个计算单元全年灌溉需水量，万 m^3；n 为计算单元个数，$n=20$。

灌溉需水量 W_i：由区域内 k 种典型作物灌溉需水量确定。

典型作物灌溉需水量计算：参考《宁夏回族自治区办公厅关于印发〈宁夏回族自治区有关行业用水定额（修订）〉的通知》（宁政办规发〔2020〕20 号）中《宁夏农业灌溉用水定额》以及宁夏当地丰产灌水经验和近五年灌溉用水量调查，确定贺兰县不同作物不同灌溉方式下的灌溉用水定额，结合不同作物对地下水埋深较浅区域地下水吸收量进行修正。综合灌溉面积、作物结构、灌水方式、灌溉定额和灌溉水有效利用系数等要素计算灌溉需水量。具体计算见式（6-2）和式（6-3）。

$$W = \sum_{i=1}^{n} W_i \tag{6-2}$$

$$W_i = \sum_{j=1}^{m} W_{i,j} \tag{6-3}$$

$$W_{i,j} = \sum_{k=1}^{a} \left\{ \frac{A_{地,i,j,k} \times [r_{j,k} - f_{j,k}(h_j)]}{\eta_{地}} + \frac{A_{节,i,j,k} \times [r_{j,k} - f_{j,k}(h_j)]}{\eta_{节}} \right\} \tag{6-4}$$

式中，W 为贺兰县全部农业灌溉需水量，万 m^3；W_i 为第 i 个计算单元全年农业灌溉需水量，万 m^3；i 为计算单元个数，$i=1, 2, \cdots, n$，$n=20$；j 为计算月份，作物灌溉期是 3 ~ 8 月和 11 月冬灌期共 7 个月，$j=1, 2, \cdots, m$，$m=7$；$W_{i,j}$ 为第 i 个计算单元的第 j 个月的农业灌溉需水量，万 m^3；k 为种植作物类型，$k=1, 2, \cdots, a$，$a=6$；$A_{地,i,j,k}$ 和 $A_{节,i,j,k}$ 分别为地面灌溉方式和节水灌溉方式下第 i 个计算单元第 j 个月的第 k 种作物种植面积，万亩；$r_{j,k}$ 为第 j 个月第 k 种作物需水净定额，m^3/亩；$\eta_{地}$ 和 $\eta_{节}$ 分别为地面灌溉方式和节水灌溉方式的灌溉水有效利用系数；$f_{j,k}(h_j)$ 为第 j 个月第 k 种作物利用地下水关系式，m^3/亩，具体参考相关研究获得（表 6-4）。

1）目标函数

由于工业和生活用水量相对固定，且占比极少，本研究重点计算了灌溉用水。具体以各计算单元农业水土资源均衡度最大和缺水率平方和最小为目标函数，通过构造辅助函数，将两个目标的权重系数均设为 0.5，把双目标优化模型转化为单目标优化模型。具体优化目标公式如下：

$$\min F_1 = \sum_{i=1}^{n} \left[1 - \frac{(\mathrm{IS}_i + \mathrm{IG}_i)}{W_i} \right] \tag{6-5}$$

$$\min F_2 = \sum_{i=1}^{n} \left[\frac{W_i - (\mathrm{IS}_i + \mathrm{IG}_i)}{W_i} \right]^2 \tag{6-6}$$

2）约束条件

（1）可供水量约束，即各水源的灌溉水量不超过其可供水量。

$$\sum_{i=1}^{n} \mathrm{IS}_i \leqslant \mathrm{AIS} \tag{6-7}$$

$$\sum_{i=1}^{n} \mathrm{IG}_i \leqslant \mathrm{AIG} \tag{6-8}$$

式中，AIS 为满足生活、工业和生态供水后可用于灌区农业灌溉的地表水可供水量，万 m^3；AIG 为满足生活、工业和生态供水后可用于灌区农业灌溉的地下水可供水量，万 m^3。

（2）需水量约束，即各计算单元的灌溉水量不超过其需水量。

$$\mathrm{IS}_i + \mathrm{IG}_i \leqslant W_i \tag{6-9}$$

（3）干渠引水能力约束，即各干渠的地表水灌溉量不超过其最大引水能力。

$$\sum_{i=1}^{c} \mathrm{IS}_i \leqslant L_b \tag{6-10}$$

式中，L_b 为第 b 个干渠的年最大引水能力，万 m^3；c 为由该干渠供水的计算单元数。

表 6-4　不同作物生育期根系直接吸收地下水利用量与地下水埋深关系

作物类型	生育期	利用量与埋深关系	备注
冬小麦	10 月	$f(h)=4.666\ 69h^2-23.133\ 449h+28.866\ 811$	适用范围：$0.5\text{m}\leqslant h\leqslant 2.5\text{m}$ h：地下水埋深，m
	11 月	$f(h)=7.333\ 37h^2-54.466\ 939h+28.866\ 811$	
	12 月	$f(h)=-14.000\ 07h^2+47.800\ 239h+98.200\ 491$	
	1 月	$f(h)=-1.066\ 672h^2-2.133\ 344h+12.000\ 06$	
	2 月	$f(h)=16.000\ 08h^2-74.533\ 706h+86.867\ 101$	
	3 月	$f(h)=-11.866\ 726h^2-20.200\ 101h+30.066\ 817$	
	4 月	$f(h)=2.000\ 01h^2-17.800\ 089h+60.800\ 304$	
	5 月	$f(h)=-14.533\ 406h^2+49.533\ 581h-0.933\ 338$	
	6 月	$f(h)=-1.733\ 342h^2+4.066\ 687h+3.933\ 353$	
春小麦	3 月	$f(h)=10.333\ 385h^2-48.833\ 577\ 5h+57.866\ 956$	
	4 月	$f(h)=-11.866\ 726h^2-20.200\ 101h+30.066\ 817$	
	5 月	$f(h)=2.000\ 01h^2-17.800\ 089h+60.800\ 304$	
	6 月	$f(h)=-14.533\ 406h^2+49.533\ 581h-0.933\ 338$	
	7 月	$f(h)=-1.733\ 342h^2+4.066\ 687h+3.933\ 353$	
夏玉米	6 月	$f(h)=0.827\ 804\ 139h^2-5.292\ 293\ 128h+8.985\ 378\ 26$	
	7 月	$f(h)=2.448\ 678\ 91h^2-15.654\ 078\ 27h+26.577\ 466\ 22$	
	8 月	$f(h)=2.855\ 547\ 611h^2-18.255\ 424\ 61h+30.993\ 488\ 3$	
	9 月	$f(h)=1.067\ 338\ 67h^2-6.823\ 367\ 45h+11.584\ 057\ 92$	
春玉米	4 月	$f(h)=0.164\ 600\ 823h^2-1.052\ 205\ 261h+1.786\ 342\ 265$	
	5 月	$f(h)=0.804\ 404\ 022h^2-5.142\ 025\ 71h+8.730\ 710\ 32$	
	6 月	$f(h)=3.021\ 281\ 773h^2-19.274\ 763\ 04h+32.792\ 163\ 96$	
	7 月	$f(h)=2.956\ 681\ 45h^2-18.901\ 427\ 84h+32.090\ 827\ 12$	
	8 月	$f(h)=1.951\ 276\ 423h^2-12.474\ 729\ 04h+21.178\ 772\ 56$	
	9 月	$f(h)=0.101\ 000\ 505h^2-0.645\ 869\ 896h+1.096\ 538\ 816$	
其他	4 月	$f(h)=0.384\ 535\ 256h^2-2.458\ 278\ 958h+4.179\ 354\ 23$	
	5 月	$f(h)=2.283\ 678\ 085h^2-14.599\ 406\ 33h+24.786\ 123\ 93$	
	6 月	$f(h)=2.044\ 676\ 89h^2-13.071\ 398\ 69h+22.192\ 110\ 96$	
	7 月	$f(h)=2.201\ 244\ 339\ 5h^2-12.864\ 730\ 99h+21.842\ 109\ 21$	
	8 月	$f(h)=1.619\ 874\ 766h^2-10.356\ 051\ 78h+17.582\ 087\ 91$	
	9 月	$f(h)=0.654\ 136\ 604h^2-4.181\ 820\ 909h+7.100\ 035\ 5$	

资料来源：谢新民等，2002

2. 时间均衡优化

1）目标函数

以每个计算单元有灌溉需求月份间的相对缺水率的平方和最小为目标，具体优化目标

公式为

$$\min F_3 = \sum_{j=1}^{m} \left[\frac{W_{i,j} - (\mathrm{IS}_{i,j} + \mathrm{IG}_{i,j})}{W_{i,j}} \right]^2 \tag{6-11}$$

式中，F_3为时间优化目标函数，即各需水时段缺水率最小；m 为有灌溉需水月份数，贺兰县农业灌溉需水月份为 3 ~8 月和 11 月，$m=7$；$W_{i,j}$为第 i 个计算单元第 j 个月的需水量，万 m^3；$\mathrm{IS}_{i,j}$和 $\mathrm{IG}_{i,j}$为第 i 个计算单元第 j 个月地表水和地下水的灌溉水量，万 m^3。

2）约束条件

总可供水量约束：将空间均衡优化得到的各计算单元地表水、地下水可供水量作为时间均衡优化的约束条件。

月供水量约束：满足各计算单元各月供水量小于等于需水量，具体为

$$\sum_{j=1}^{m} \mathrm{IS}_{i,j} \leqslant \mathrm{IS}_i \tag{6-12}$$

$$\sum_{j=1}^{m} \mathrm{IG}_{i,j} \leqslant \mathrm{IG}_i \tag{6-13}$$

$$\mathrm{IS}_{i,j}+\mathrm{IG}_{i,j} \leqslant W_{i,j} \tag{6-14}$$

3. 模型求解优化算法

在优化计算中，本研究采用具有原理简单、可有效避免局部最优、扩展性良好等优点的启发式优化算法（Mirjalili and Lewis，2016）中的一种全新的优化算法——鲸鱼优化算法（whale optimization algorithm，WOA）对模型进行求解，旨在为水土资源均衡配置问题求解提供新的参考方法。

1）鲸鱼算法简介

鲸鱼优化算法（WOA）是在 2016 年由澳大利亚学者 Mirjalili 和 Lewis 受到座头鲸螺旋泡沫网捕食机制的启发，通过模拟座头鲸狩猎行为提出的一种全新的启发式优化算法。与其他优化算法相比，WOA 最大的优势即操作简便、调参少，可以增大避免局部最优的可能性（Mirjalili and Lewis，2016）。

2）WOA 数学模型寻优过程

WOA 包括包围猎物（encircling prey）、发泡网攻击（bubble-net attacking）和搜索猎物（search for prey）三个阶段。

（1）包围猎物。座头鲸可识别猎物的位置并将其包围。WOA 模拟此行为时以当前最优位置为基准，其他鲸鱼会更新位置来靠近猎物，该包围机制用数学模型可表示为

$$\boldsymbol{X}_{t+1} = \boldsymbol{X}_t - \boldsymbol{A} \times D \tag{6-15}$$

$$D = \left| \boldsymbol{C} \times \boldsymbol{X}_t^* - \boldsymbol{X}_t \right| \tag{6-16}$$

式中，t 为当前的迭代次数；$\boldsymbol{A}$ 和 $\boldsymbol{C}$ 为系数向量；$\boldsymbol{X}_t^*$ 为当前鲸鱼群体中随机选取的最好的鲸鱼位置向量；$\boldsymbol{X}_t$为当前鲸鱼的位置向量；D 为鲸鱼与猎物的距离。

系数向量 $\boldsymbol{A}$ 和 $\boldsymbol{C}$ 由以下公式计算得到：

$$\boldsymbol{A}=2a\times\boldsymbol{r}-a \tag{6-17}$$

$$\boldsymbol{C}=2\boldsymbol{r} \tag{6-18}$$

式中，$\boldsymbol{r}$ 为随机向量，取值范围为（0，1）；a 为常数，其值从 2 到 0 线性递减，表达式为 $a=2-\frac{2t}{T_{\max}}$，其中 t 为当前迭代次数，$T_{\max}$ 为最大迭代次数。

（2）发泡网攻击。为了更好地模拟座头鲸的捕食方法，WOA 根据气泡网觅食机制建立了两种数学模型。

收缩包围机制：通过减小常数 a 实现，系数向量 $\boldsymbol{A}$ 的变化范围也随 a 的减小而缩小。当随机变量 $\boldsymbol{A}$ 的取值范围设置在（−1，1）时，鲸鱼个体的新位置可以定义原始位置和最佳位置之间的任意位置。

螺旋式位置更新机制：此机制根据鲸群个体和猎物之间的距离，在二者之间创建螺旋数学模型用以模拟座头鲸的螺旋捕食方式，其数学模型为

$$\boldsymbol{X}_{t+1}=D\times \mathrm{e}^{bl}\cos(2\pi l)+\boldsymbol{X}_t^* \tag{6-19}$$

$$D=|\boldsymbol{X}_t^*-\boldsymbol{X}_t| \tag{6-20}$$

式中，D 为鲸鱼与猎物的距离；b 为定义的螺旋形状的常数；l 为范围（−1，1）的随机数。假设收缩包围机制和螺旋式位置更新机制的概率各为 50%，则数学模型为

$$\boldsymbol{X}_{t+1}=\{\boldsymbol{X}_t-\boldsymbol{A}\times D, p<0.5; D\times \mathrm{e}^{bl}\cos(2\pi l)+\boldsymbol{X}_t^*, p\geqslant 0.5\} \tag{6-21}$$

式中，p 为（0，1）范围的随机数。

（3）搜索猎物。除气泡网觅食机制外，座头鲸还可以随机搜索猎物。因此，在 $\boldsymbol{A}>1$ 或 $\boldsymbol{A}<-1$ 时可以迫使鲸偏离目标猎物，转而搜索其他适合的猎物，从而实现全局搜索，增强算法的搜索计算能力。其数学模型为

$$\boldsymbol{X}_{t+1}=\boldsymbol{X}_{\mathrm{rand}}-\boldsymbol{A}\times D \tag{6-22}$$

$$D=|\boldsymbol{C}\times\boldsymbol{X}_{\mathrm{rand}}-\boldsymbol{X}| \tag{6-23}$$

式中，X_{rand} 为从当前鲸群中随机挑选个体的位置。

3）求解步骤

（1）确定决策变量及取值范围，设定目标权重，定义目标函数。

（2）初始化 WOA 参数，设定种群规模和最大迭代次数，同时初始化鲸鱼种群位置和座头鲸得分，根据目标函数选择出最优个体。

（3）不断更新鲸群个体位置，检查是否有个体超出空间边界，限制鲸鱼位置范围。

（4）判断迭代次数，若达到最大次数，则停止运行输出结果。

4. 灌区地下水位优化

1）地下水生态水位选取

地下水位变化对土壤水分及植物生长的影响很大。地下水位过高，盐分在蒸发的作用

下沿毛管上升聚集于表土，易造成土壤表层盐渍化，对农作物等植被产生盐分胁迫；地下水位过低，毛管上升水难以达到植被根系，易对植物产生水分胁迫，导致植物生长速度减慢甚至气孔关闭直至死亡，造成荒漠化。因此，确定并控制合理的地下水生态水位阈值对灌区生态安全至关重要。

贺兰县灌区为引黄灌区，大规模引黄灌溉使得引黄地表水与地下水交互转化频繁，加上经济社会发展过程中对地下水的大量开采，地下水位变化较大，盐渍化与超采并存。为合理规避以上问题，对灌区地下水生态环境实现良性发展，综合当地调查观测资料及相关研究成果（阮本清等，2009；孙宪春等，2008），本研究设定贺兰县灌区地下水生态水位阈值为1.2～3.0m。各时段灌区地下水生态水位控制范围见表6-5和图6-1。

表6-5　贺兰县各时段灌区地下水生态水位区间

时间	地下水控制埋深（H^*）/m
解冻至夏灌前（3～4月）	2.0～3.0
作物生长期（5～8月）	1.2～1.8
停灌后至冬灌前（9～10月）	1.5～2.5
冬灌至次年解冻前（11月至次年2月）	1.5～2.2

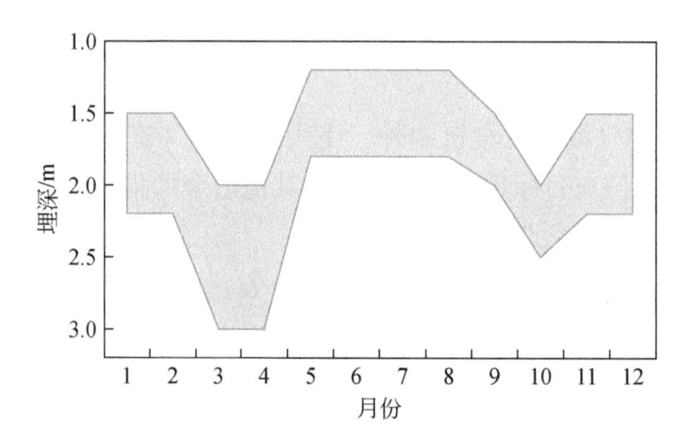

图6-1　贺兰县各时段灌区地下水控制埋深区间

2）地下水位优化

在水土资源优化配置中，根据地下水位的控制阈值进行地表水和地下水供水量调控，即若地下水位高于上限，则应适当加大地下水开采或增加其排泄量，降低地下水位；若地下水位低于下限，则应该减少地下水开采及其他排泄水量。

结合贺兰县地下水埋深过大和过小区域均存在的现实，对地下水数值模拟模型输出的地下水埋深结果，通过以下两个判断依据确定是否满足地下水位优化目标，即地下水生态水位控制的地下水埋深偏离值和地下水埋深合格率指标。

（1）地下生态水位控制的地下水埋深偏离值目标。

地下水埋深偏离值指标是各地下水观测井逐月地下水埋深与合理地下水埋深差异距离的累计值，具体计算公式如下：

$$\min F_4 = \sum_{i=1}^{n} \sum_{j=1}^{m} \left| H_{i,j} - H^* \right| \tag{6-24}$$

$$H^* = \begin{cases} H^*_{\min} & H_{i,j} < H^*_{\min} \\ 0 & H^*_{\min} \leqslant H_{i,j} \leqslant H^*_{\max} \\ H^*_{\max} & H_{i,j} > H^*_{\max} \end{cases} \tag{6-25}$$

式中，F_4为地下水埋深偏离值，m；$H_{i,j}$为第 i 个监测井第 j 月的地下水埋深，m；H^* 为生态地下水埋深的上限或下限，m；$H^*_{\max}$为生态地下水埋深的最大埋深，m，$H^*_{\min}$为生态地下水埋深的最小埋深，m；i 为贺兰县地下水观测井个数，$i=1$，2，…，n，$n=11$；j 为全年月份，$j=1$，2，…，m，$m=12$。

（2）地下水埋深合格率目标。地下水埋深合格率指标是各地下水观测井逐月地下水埋深处于合理地下水埋深范围内的个数与总个数的比值，其具体计算公式如下：

$$\max F_5 = \frac{\sum_{i=1}^{n} \sum_{j=1}^{m} C_{i,j}}{n \times m} \times 100\% \tag{6-26}$$

$$C_{i,j} = \begin{cases} 1 & H^*_{\min} \leqslant H_{i,j} \leqslant H^*_{\max} \\ 0 & H_{i,j} < H^*_{\min} \text{或} H_{i,j} > H^*_{\max} \end{cases} \tag{6-27}$$

式中，F_5为地下水埋深合格率,%。

6.3.2 基于地下水模拟系统（GMS）的灌区地下水数值模拟模型构建

依据地下水均衡原理，采用 GMS 通过概化贺兰县水文地质概念模型和地下水流数值模型，构建贺兰县灌区地下水数值模拟模型。

1. 水文地质概念模型概化

1）含水层结构概化

贺兰县位于银川平原中部，西面以贺兰山东麓断裂带与山体过渡相连；东面以黄河断裂与鄂尔多斯地块相连。研究区内含水层主要为第四系松散岩类孔隙水。该地下水系统在水平方向上具有明显的分带特征，由西到东包括山前洪积倾斜平原地段、冲洪积平原地段和冲湖积平原地段。

山前洪积倾斜平原地段位于贺兰山东麓山前洪积平原，为单一潜水区，含水层岩性横向上自西向东由粗变细，由块石、卵砾石、砂砾石变成砂砾石夹砂层；冲洪积平原地段分布于山前洪积倾斜平原的东侧，岩性由单一的沙砾卵石层递变为砂土与黏土互层的多层结构，地下水由单一的潜水层逐渐过渡为“双层结构”的潜水-承压水；冲湖积平原地段位于冲洪积平原以东至黄河西岸，岩性为砂土和黏土互层的多层结构。

结合现有钻孔及剖面资料，参照含水层发育程度、含水层渗透性、地下水水力性质、水文地球化学特征、地下水动态等水文地质特征并综合考虑灌区地表地下交互过程及人工开采影响，山前单一潜水区概化为一层结构，平原多层结构区将潜水及埋深小于60m与上层潜水有密切水力联系且下部存在相对隔水黏性土层的承压水概化为一层结构，作为潜水含水层处理。山前单一潜水区含水层平均厚度约为85m；平原多层结构区含水层平均厚度约为20m。

2）边界条件概化

（1）侧向边界。本次模拟范围西部以贺兰山前为边界，东部以黄河为边界，南北部以贺兰县南北县界为边界包括贺兰县境内部分山前洪积倾斜平原及整个平原灌区，模拟区面积为991.4km^2，根据区内流场特征和地层结构，将西部贺兰山定义为二类流量补给边界，东部黄河简化处理为一类定水头边界，南北边界由于为人为划定边界，处理为通用水头边界。

（2）垂向边界。模型以潜水含水层自由水面为系统的上边界，通过该边界，潜水与周围环境发生垂向水量交换，如接受田间入渗补给、大气降水入渗补给、渠系渗漏补给、蒸发排泄、排水沟排泄等。模型的底部基本为相对隔水的黏性土层，故将模型的底边界处理为隔水边界。

3）地下水流场及流动特征

空间上地下水流整体上以水平运动为主、垂向运动为辅，含水层岩性西侧为砂砾石、中粗砂，向东逐渐变为细砂、粉细砂，水位埋深由西向东逐渐递减，富水性也由西向东逐渐减弱，地下水整体流向为西南至东北。地下水系统符合质量守恒定律和能量守恒定律，在常温常压下地下水运动符合达西定律。考虑含水层与包气带之间的水量交换，地下水运动可以概化为空间三维流；地下水系统的输入输出随时间、空间变化，故地下水为非稳定流，且参数随空间变化，所以含水介质概化为非均质、各向同性。

综上所述，研究区含水层概化为非均质、各向同性的三维、非稳定地下水流系统。

4）水文地质参数

水文地质参数作为计算评价地下水的重要数据，是影响地下水数值模拟结果的重要因素。用于地下水流模型的水文地质参数主要有两类，一类是用于计算地下水源汇项的参数和经验系数，如大气降水入渗系数、灌溉入渗系数、河流渗漏系数、蒸发系数等，此类参数的数值将在“地下水系统源汇项”部分具体介绍；另一类是含水层的水文地质参数，主要包括潜水含水层的渗透系数、给水度，承压水含水层的渗透系数及释水系数，本部分主要阐述这类参数的确定。

由于本研究对象为潜水含水层，故需确定含水层的渗透系数（K）和给水度（μ），通过分析研究区水文地质条件，除贺兰山前沉积的细粒带外，潜水含水介质岩性空间上由西部贺兰山至东部黄河，由粗至细，大体上呈规律性分布，参照前人研究成果将渗透系数划分为 8 个区，将给水度划分为 7 个区，由研究区西部向东依次编号为 1 ~ 8 和 1 ~ 7，并对其进行初始赋值，待模型识别验证后，最终确定各参数分区值。具体见表 6-6。

表 6-6　水文地质参数初始值

<table>
<tr><th colspan="2">渗透系数 K</th><th colspan="2">给水度 μ</th></tr>
<tr><th>分区</th><th>K/（m/d）</th><th>分区</th><th>数值</th></tr>
<tr><td>1</td><td>35</td><td>1</td><td>0. 3</td></tr>
<tr><td>2</td><td>25</td><td>2</td><td>0. 25</td></tr>
<tr><td>3</td><td>3</td><td>3</td><td>0. 1</td></tr>
<tr><td>4</td><td>12</td><td>4</td><td>0. 2</td></tr>
<tr><td>5</td><td>7. 2</td><td>5</td><td>0. 18</td></tr>
<tr><td>6</td><td>7</td><td>6</td><td>0. 16</td></tr>
<tr><td>7</td><td>10</td><td rowspan="2">7</td><td rowspan="2">0. 15</td></tr>
<tr><td>8</td><td>7</td></tr>
</table>

5）地下水系统源汇项

研究区内地下水系统的补给量主要包括降水入渗补给、山前侧向径流补给、渠系渗漏补给和田间灌溉入渗补给；地下水排泄项主要有潜水蒸发、排水沟排泄、人工开采。

（1）补给项。

降水入渗补给：主要收集了贺兰、惠农和银川气象站日降水量数据，山区部分主要采用贺兰站降水量数据，平原部分采用惠农站与银川站降水量数据的平均值。根据地下水井长期观测资料，一次降水量小于 10mm 的降水对地下水影响不大，故把一次降水量大于等于 10mm 的降水量作为有效降水量。根据前人研究成果确定山区、平原区大气降水入渗系数分别为 0. 25、0. 22。

山前侧向径流补给：研究区的西边界为贺兰山山前地区，接受地下水侧向径流补给，山前侧向径流补给量数据主要来自《宁夏回族自治区地下水通报》。

渠系渗漏补给、田间灌溉入渗补给：流经研究区的主要渠道有唐徕渠、惠农渠、汉延渠和西干渠，各干渠引水量、灌溉量及灌溉面积数据主要来自各管理所，由于各渠道均有衬砌，在很大程度上减小了渠系渗漏补给量，故本次研究将渠系渗漏补给量和田间灌溉入渗补给量一并处理，将入渗系数确定为 0. 34。

（2）排泄项。

潜水蒸发：山区地下水埋深普遍较大，潜水蒸发量可以忽略不计；潜水蒸发是平原区地下水的主要排泄方式。本研究蒸发量的计算由 GMS 中 Evapotranspiration 模块自动完成，模块的主要参数有蒸发高程、最大蒸发强度及极限蒸发深度。其中，蒸发高程采用地表高程值，最大蒸发强度采用水面蒸发强度，极限蒸发深度采用经验深度 3m，其中水面蒸发强度值采用惠农站与银川站小型蒸发数据的平均值计算得来。

排水沟排泄：研究区的主要排水沟有第二排水沟、第三排水沟、第四排水沟、第五排水沟、银新干沟、红旗沟、四二干沟、四三支沟和河西总排水。本研究采用 GMS 中的 Drain 模块处理排水沟，给定各排水沟的导水率及节点高程，由模型自动计算排泄量。

人工开采：人工开采量的数据主要来自《宁夏水资源公报》，由于研究区潜水开采量较少并且村镇普遍存在农户私下打井的现象，大部分机井为大面积分散开采，具体的开采井数据难以收集，故本次研究以面状补给强度的形式近似处理人工开采量。

（3）源汇项处理。

山前侧向径流补给以 GMS 中 Specified Flow 形式输入、黄河以 Specified Head（CHD）形式输入。由于贺兰县灌区渠系分布密集，为计算简便将灌溉渠系渗漏同降水入渗、田间渗漏、分散开采和生态补水渗漏一并叠加计算，再以面状补给强度的形式以 Recharge 模块输入。潜水蒸发以 Evapotranspiration 模块加入，排水沟以 Drain 模块加入。

2. 地下水数值模拟模型

对于非均质、各向同性的三维、非稳定地下水流系统，可用式（6-28）地下水流连续性方程及其定解条件方程式来描述。

$$\begin{cases}\dfrac{\partial}{\partial x}\left(K_x\dfrac{\partial H}{\partial x}\right)+\dfrac{\partial}{\partial y}\left(K_y\dfrac{\partial H}{\partial y}\right)+\dfrac{\partial}{\partial z}\left(K_z\dfrac{\partial H}{\partial z}\right)+W=\mu\dfrac{\partial H}{\partial t}\\ H\big|_{\Gamma_1}=H(x,y,t)\\ K(H-B)\dfrac{\partial H}{\partial n}\Big|_{\Gamma_2}=q(x,y,t)\\ H\big|_{t=0}=H_0(x,y)\end{cases} \tag{6-28}$$

式中，K 为含水层渗透系数；K_x、K_y、K_z 分别为渗透系数沿 x 轴、y 轴、z 轴的分量；W 为单位体积源汇项；μ 为潜水含水层的给水度或承压水含水层的储水系数；H 为地下水位；H_0 为初始地下水位；B 为含水层底板高程；q 为第二类边界单位面积流量；x、y、z 为坐标；n 为边界上的内法线；Γ_1、Γ_2 为第一类、第二类边界。

研究区域按 0.4km×0.4km 格式剖分，将研究区划分为 104 行×139 列×1 层的网状结构，共划分计算单元 6753 个。

根据现有各均衡要素资料和水位动态资料情况，确定模拟期为 2016 年 1 月至 2018 年

12 月，以 2016 年 1 月 1 日的水位为初始流场，以月为应力期单位，共划分为 36 个应力期，每个应力期分 3 个时间步长。

初始条件：以 2016 年 1 月贺兰县 11 口观测井地下水位数据为基础，采用内插法和外推法获得潜水含水层初始水位。

边界条件：将“地下水系统源汇项”部分计算的各边界流入流出量输入模型之中，通过边界附近流场的拟合，适当调整各边界流入流出量。研究区东部黄河简化处理为一类边界（同一应力期为定水头，不同应力期其水位随时间变化）。

3. 模型识别与验证

地下水模型的识别与检验过程是整个模拟中极为重要的工作，通常要反复修改参数和调整部分源汇项才能达到较为理想的拟合结果，同时这也是对水文地质条件再认识的过程。它直接关系到后续的评价、水位预测和科学管理。

识别和验证模型主要遵循以下 4 个原则：①模拟的地下水流场要与实际地下水流场基本一致，即要求地下水模拟等值线与实测地下水位等值线形状相似；②模拟地下水的动态过程要与实测的动态过程基本相似，即要求模拟与实际地下水位过程线形状相似；③从均衡的角度出发，模拟的地下水均衡变化与实际要基本相符；④识别的水文地质参数要符合实际水文地质条件。

基于以上原则，本次研究结合 PEST 模块自动调参法及试估-矫正法，通过研究区模拟期末含水层计算流场与实测流场对比，潜水含水层观测井水位过程线拟合，反复调整参数和均衡量，识别水文地质条件，确定模型结构、参数和各均衡要素。由于篇幅所限，以下列出研究区潜水含水层 11 眼观测井中 4 眼井的水文过程线拟合情况，具体见图 6-2。

模拟期末各观测井地下水位观测值和计算值散点落在斜率 45°斜线周围（图 6-3），说明模型拟合程度较高，误差较小。

对模拟期末研究区内观测井的观测值和计算值的拟合误差进行分析。由图 6-4 可以看出，11 眼观测井中，平均误差绝对值小于等于 0.5m 的有 7 眼，其余观测井平均误差绝对值均小于 1m。

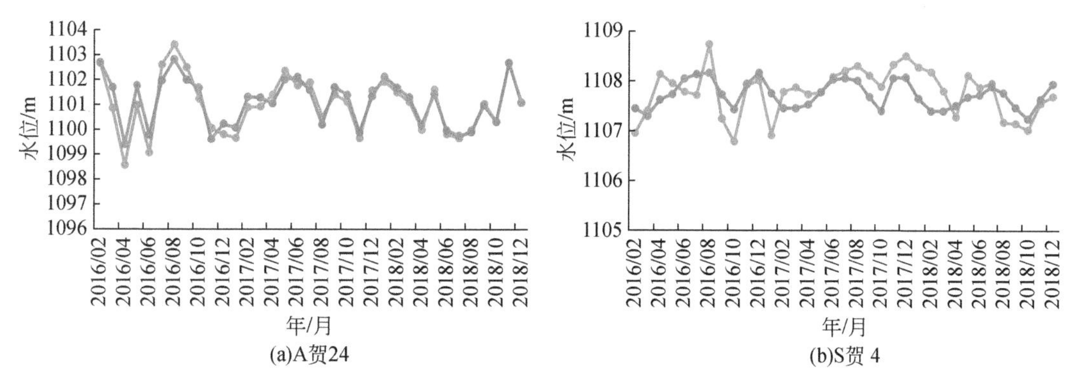

(a)A贺24　　(b)S贺 4

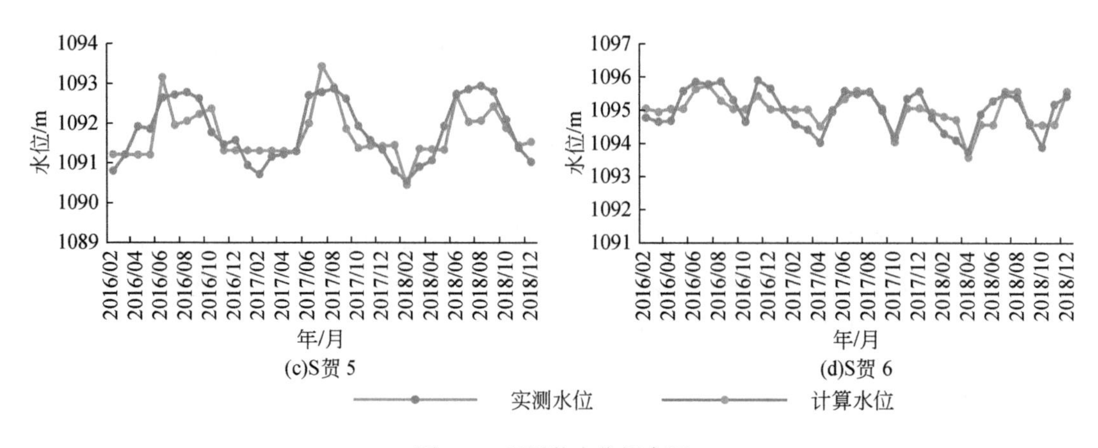

图 6-2　观测井水位拟合图

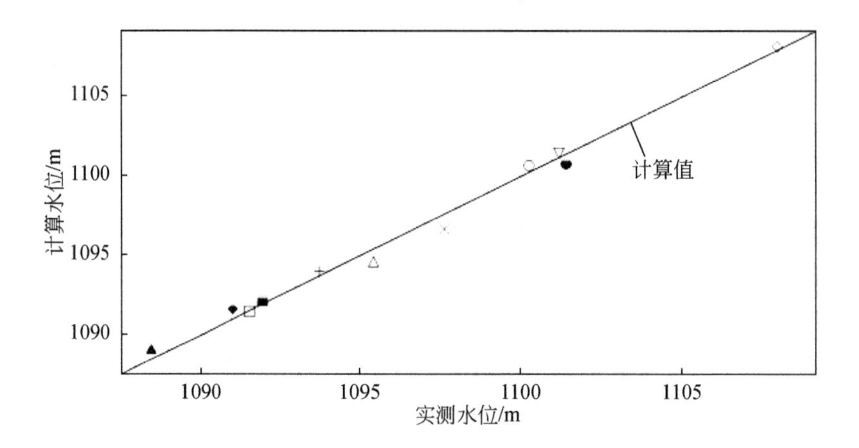

图 6-3　模拟期末各观测井观测值与计算值拟合图

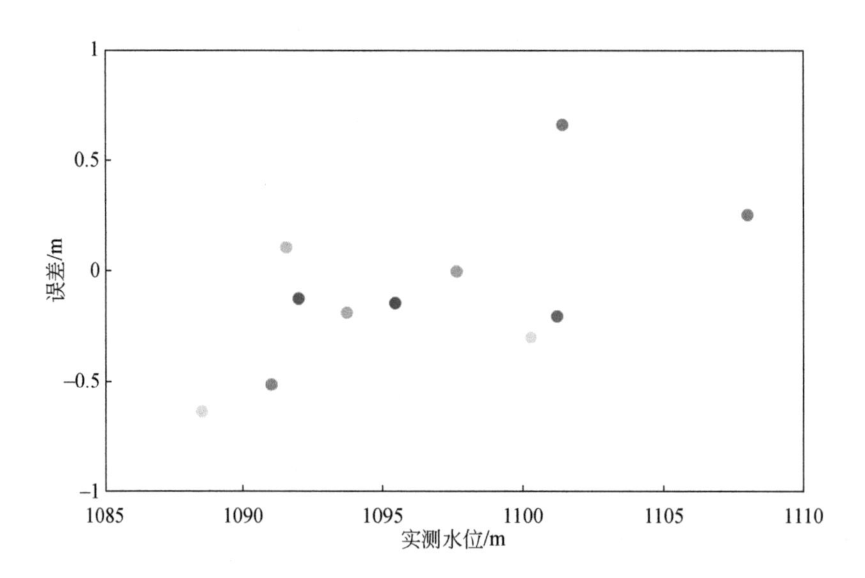

图 6-4　观测井观测值和计算值拟合误差图

识别后的水文地质参数见表 6-7，其分布总体符合水文地质条件，渗透系数从山前到黄河呈现由大变小的趋势，山前存在细粒带，单一潜水层区渗透系数较大，一般在 25 ~ 35m/d，往东逐渐减小，潜水含水层最小渗透系数为 3m/d，潜水含水层的给水度范围为 0. 1 ~0. 35。识别后的水文地质参数与前人抽水试验等工作所提交的数值接近。

表 6-7 水文地质参数最终值

参数区域	渗透系数 K/（m/d）	给水度 μ
1	35	0. 35
2	25	0. 25
3	3	0. 1
4	12	0. 25
5	7. 2	0. 18
6	16. 69	0. 3
7	18. 9	0. 1
8	7	—

从模拟期末水位等值线、观测井水位拟合过程线及误差分析来看，所建立的地下水模型基本达到精度要求，符合研究区实际的水文地质条件，也能较好地反映地下水系统的动态特征，可用于后续研究。

6. 3. 3 水土资源均衡配置模型与地下水模拟模型耦合

水土资源均衡配置模型与地下水模拟模型耦合具体步骤如下。

（1）通过灌区水土资源空间均衡模型，优化模拟计算各计算分区全年地表水和地下水配置结果。

（2）以全年配置结果为约束，进行灌区水土资源时间均衡优化模拟，得到各计算分区各月地表水和地下水配置结果。

（3）以时空均衡优化配置结果作为地下水系统的源汇项，输入地下水模拟模型，模拟得出不同方案水土资源均衡优化后的地下水位分布结果。

（4）判断地下水位优化结果是否满足目标，通过多次反馈迭代，形成一定种植结构下适合的地表水和地下水供水结构和供水方式。

6.4 水土资源均衡配置方案设置与灌区水土资源供需预测

6.4.1 方案设置与说明

研究区现状耕地灌溉率已达90%，水资源承载力已趋于临界；在耕地红线和用水总量约束下，未来灌溉面积的大规模发展已经不太可能。而目前存在灌溉水利用效率偏低，高耗水种植作物面积为主等不合理用水问题。要保障农业发展和生态环境良性发展，提高灌溉水利用效率，压减高耗水作物种植面积等成为水土资源约束下农业发展的主要方向。为此，结合宁夏灌区节水规划的相关措施，从节水工程措施和土地利用非工程措施两方面，设置不同情景方案，以揭示贺兰县未来水土资源开发利用方向。

本次研究共设置方案46种（表6-8），包括1个基准方案、9个节水工程措施和非工程措施的单一方案及36个综合方案。

基准方案（J0）说明：以2017年为基础，综合贺兰县近些年发展状况形成相应的方案。其中，种植结构：总种植面积为73.19万亩，其中水稻19.143万亩、小麦7.122万亩、玉米6.030万亩、麦套玉米2.801万亩、蔬菜10.552万亩、其他27.542万亩；用水指标：高效节水灌溉面积扬黄灌区占58%、引黄灌区占20.8%；渠系水利用系数为0.605；水稻灌溉为现状传统灌溉方式。

工程措施方案说明：针对基准年（2017年）贺兰县田间高效节水灌溉面积占比不足耕地有效灌溉面积的30%，导致灌溉水利用系数整体偏低，在节水工程措施方面，综合考虑通过提高高效节水灌溉面积占比和提高渠系水利用系数两方面。具体参考《银川市贺兰县现代化生态灌区灌溉工程PPP项目实施方案（送审稿）》《宁夏生态保护和高质量发展水资源保障程度专题研究报告》确定。其中，高效节水灌溉面积，按照引黄灌区和扬黄灌区特点不同，设置3个情景（S3～S5），分别为由基准年20.8%和58%提高到30%、35%、40%和70%、80%、90%。渠系水利用系数设置为3个情景（S6～S8），分别由现状0.605提高到0.62、0.64和0.66。

非工程措施方案说明：包括种植结构调整和灌溉制度改进方面。其中，种植结构调整，围绕保障区域粮食安全和宁夏“塞上江南”绿洲生态的特点，以支撑畜牧业发展为发展目标，以适度压减高耗水水稻种植面积为主，按照增加玉米种植的思路设置2个方案（S1～S2），即在现状水稻种植面积的基础上，压减50%和75%，全部改种为耗水较少的玉米，其他作物种植面积不变。

表 6-8　贺兰县农业节水情景设置

节水措施	单一方案	具体内容	综合方案（Z1～Z18）																	
			Z1	Z2	Z3	Z4	Z5	Z6	Z7	Z8	Z9	Z10	Z11	Z12	Z13	Z14	Z15	Z16	Z17	Z18
基准年	方案 J0	基准年水土资源优化配置																		
种植结构调整	方案 S1	水稻面积的 50% 退减为玉米	√	√	√	√	√	√	√	√	√									
	方案 S2	水稻面积的 75% 退减为玉米										√	√	√	√	√	√	√	√	√
提高高效节水灌溉面积	方案 S3	扬黄灌区 70%，引黄灌区 30%	√	√	√							√	√	√						
	方案 S4	扬黄灌区 80%，引黄灌区 35%				√	√	√							√	√	√			
	方案 S5	扬黄灌区 90%，引黄灌区 40%							√	√	√							√	√	√
渠道衬砌	方案 S6	渠系水利用系数提高至 0.62	√			√			√			√			√			√		
	方案 S7	渠系水利用系数提高至 0.64		√			√			√			√			√			√	
	方案 S8	渠系水利用系数提高至 0.66			√			√			√			√			√			√
水稻控灌	方案 S9	考虑水稻控制灌溉	√	√	√	√	√	√	√	√	√	√	√	√	√	√	√	√	√	√

节水措施	单一方案	具体内容	综合方案（Z19～Z36）																	
			Z19	Z20	Z21	Z22	Z23	Z24	Z25	Z26	Z27	Z28	Z29	Z30	Z31	Z32	Z33	Z34	Z35	Z36
基准年	方案 J0	基准年水土资源优化配置																		
种植结构调整	方案 S1	水稻面积的 50% 退减为玉米	√	√	√	√	√	√	√	√	√									
	方案 S2	水稻面积的 75% 退减为玉米										√	√	√	√	√	√	√	√	√
提高高效节水灌溉面积	方案 S3	扬黄灌区 70%，引黄灌区 30%	√	√	√							√	√	√						
	方案 S4	扬黄灌区 80%，引黄灌区 35%				√	√	√							√	√	√			
	方案 S5	扬黄灌区 90%，引黄灌区 40%							√	√	√							√	√	√
渠道衬砌	方案 S6	渠系水利用系数提高至 0.62	√			√			√			√			√			√		
	方案 S7	渠系水利用系数提高至 0.64		√			√			√			√			√			√	
	方案 S8	渠系水利用系数提高至 0.66			√			√			√			√			√			√
水稻控灌	方案 S9	考虑水稻控制灌溉																		

在灌溉制度方面，重点针对种植大户水稻的灌溉制度优化与否开展。具体根据《宁夏农业灌溉用水定额》和实际灌溉经验，设置水稻传统灌溉和控制灌溉 2 个情景（J0 和 S9），其中传统灌溉即为现状灌溉方式 J0，对应的灌溉净定额为 1000m³/亩；控制灌溉对应方案 S9，灌溉净定额为 790m³/亩。

综合措施方案说明：综合以上单一工程措施和非工程措施，组合形成多种综合方案（Z1 ~ Z36），具体方案设置见表 6-8。

6.4.2 不同方案需水预测

选取 2017 年为基准年，对贺兰县灌区 20 个计算单元，根据农业灌溉年内分配系数和不同方案种植结构变化、渠系水利用系数等分别计算分析各计算单元不同方案下的需水。

1. 种植结构状况

基准方案（J0）：经过多年发展，目前贺兰县农业生产逐渐形成了以优质粮食为主，草畜、蔬菜、枸杞、葡萄特色优势明显的农业产业格局。参考近些年的发展状况，结合宁夏、银川、贺兰县统计资料，以 2017 年情况为基础，综合近期种植结构，确定基准方案，将全县灌区有效灌溉面积为 63.27 万亩，农作物总种植面积为 73.19 万亩，综合归纳了六大类主要农作物（水稻、小麦、玉米、麦套玉米、蔬菜、林草）和其他作物（包括苜蓿、葡萄和枸杞等），水资源均衡配置单元的种植结构情况见表 6-9。

表 6-9 基准方案下贺兰县各计算单元种植结构 （单位：万亩）

计算单元名称	水稻	小麦	玉米	麦套玉米	蔬菜	林草	其他作物	合计
LG-HN	3.271	0.617	1.133	0.243	0.959	0.389	3.126	9.738
JX-HN	0.755	0.142	0.261	0.056	0.221	0.088	0.721	2.244
JG-HN	1.007	0.187	0.349	0.075	0.295	0.120	0.962	2.996
JG-HY	2.521	0.872	0.259	0.343	1.833	0.771	1.622	8.221
XG-HY	0.813	0.281	0.083	0.111	0.591	0.249	0.523	2.651
LG-HY	0.990	0.342	0.102	0.135	0.720	0.303	0.637	3.229
LG-TLMDQ	0.608	0.380	0.216	0.150	0.543	0.087	0.886	2.870
HG-TLMDQ	0.975	0.609	0.346	0.239	0.869	0.139	1.417	4.594
CX-TLMDQ	2.008	1.256	0.713	0.494	1.793	0.287	2.922	9.473
YZC-LMDQ	0.406	0.254	0.144	0.100	0.362	0.058	0.591	1.915

续表

计算单元名称	水稻	小麦	玉米	麦套玉米	蔬菜	林草	其他作物	合计
XG-TLMDQ	0. 061	0. 038	0. 022	0. 015	0. 054	0. 009	0. 089	0. 288
XG-TLNL	0. 593	0. 207	0. 164	0. 081	0. 264	0. 010	0. 593	1. 912
CX-TLNL	2. 831	0. 987	0. 783	0. 388	1. 262	0. 046	2. 831	9. 128
NL-TLNL	0. 119	0. 043	0. 032	0. 016	0. 053	0. 002	0. 119	0. 384
NQ-TLNL	0. 438	0. 153	0. 121	0. 060	0. 195	0. 007	0. 438	1. 412
NQ-TLNQ	0. 046	0. 035	0. 042	0. 013	0. 031	0. 000	0. 336	0. 501
HG-TLNQ	0. 211	0. 154	0. 191	0. 061	0. 136	0. 000	1. 532	2. 285
NQ-TLCG	1. 490	0. 191	0. 263	0. 075	0. 170	0. 000	0. 883	3. 074
NQ-XG	0. 000	0. 205	0. 441	0. 081	0. 109	0. 378	2. 221	3. 434
HG-XG	0. 000	0. 169	0. 365	0. 067	0. 090	0. 313	1. 836	2. 840
总计	19. 143	7. 122	6. 030	2. 801	10. 552	3. 256	24. 286	73. 190

不同方案种植结构：在基准方案水稻种植面积为 19. 14 万亩，玉米种植面积为 6. 03 万亩的基础上，方案 S1 、Z1 ~ Z9 和 Z19 ~ Z27 中，水稻面积压减 50% ，对应种植面积降为 9. 57 万亩，玉米种植面积增加到 15. 60 万亩；方案 S2、Z10 ~ Z18 和 Z28 ~ Z36 中，水稻面积压减 75% ，对应种植面积降为 4. 79 万亩、玉米种植面积增加到 20. 39 万亩。种植结构调整后各计算单元水稻和玉米种植面积变化具体见表 6-10。

表 6-10 各方案下不同计算单元种植结构调整变化 （单位：万亩）

计算单元名称	压减 50% 水稻改种玉米		压减 75% 水稻改种玉米	
	单一方案 S1 综合方案 Z1 ~ Z9 和 Z19 ~ Z27		单一方案 S2 综合方案 Z10 ~ Z18 和 Z28 ~ Z36	
	水稻面积	玉米面积	水稻面积	玉米面积
LG-HN	1. 64	2. 77	0. 82	3. 59
JX-HN	0. 38	0. 64	0. 19	0. 83
JG-HN	0. 49	0. 85	0. 25	1. 10
JG-HY	1. 26	1. 52	0. 63	2. 15
XG-HY	0. 41	0. 49	0. 20	0. 69
LG-HY	0. 49	0. 60	0. 25	0. 84
LG-TLMDQ	0. 30	0. 52	0. 15	0. 67
HG-TLMDQ	0. 49	0. 83	0. 25	1. 08

续表

计算单元名称	压减50%水稻改种玉米 单一方案 S1 综合方案 Z1 ~ Z9 和 Z19 ~ Z27		压减75%水稻改种玉米 单一方案 S2 综合方案 Z10 ~ Z18 和 Z28 ~ Z36	
	水稻面积	玉米面积	水稻面积	玉米面积
CX-TLMDQ	1.00	1.72	0.50	2.22
YZC-TLMDQ	0.20	0.35	0.10	0.45
XG-TLMDQ	0.03	0.05	0.02	0.07
XG-TLNL	0.30	0.46	0.15	0.61
CX-TLNL	1.42	2.20	0.71	2.91
NL-TLNL	0.06	0.09	0.03	0.12
NQ-TLNL	0.22	0.34	0.11	0.45
NQ-TLNQ	0.02	0.06	0.01	0.08
HG-TLNQ	0.11	0.30	0.05	0.35
NQ-TLCG	0.74	1.01	0.37	1.38
NQ-XG	0.00	0.44	0.00	0.44
HG-XG	0.00	0.36	0.00	0.36
总计	9.57	15.60	4.79	20.39

2. 农业灌溉需水预测

基准方案（J0）：按照现状用水方式和节水措施，全县农业灌溉总需水量为5.75亿m^3。

单一措施方案：对照基准年，不同节水措施下农业灌溉需水量均减少。由表6-11可见，在仅进行水稻压减50%和75%（方案S1和S2）时，全县灌溉需水量分别为5.319亿m^3和5.104亿m^3，较基准方案分别减少7.50%和11.23%；在仅提高节水灌溉面积（S3 ~ S5）时，需水量分别为5.674亿m^3、5.629亿m^3和5.585亿m^3，较基准年方案减少1.32%、2.10%和2.87%；在加大渠道衬砌提高灌溉水利用系数的方案（S6 ~ S8）中，需水量分别为5.616亿m^3、5.448亿m^3、5.290亿m^3，较基准方案减少2.33%、5.25%、8.00%；水稻控灌（方案S9）需水量为5.298亿m^3，较基准方案减少7.86%。

比较各方案可见（图6-5），水稻种植结构调整（方案S1和S2）和水稻控灌制度推广（方案S9）两种措施下灌溉需水量相对较小，对缓解水资源紧缺的效果较为显著。

综合方案：各综合方案灌溉需水量较基准年灌溉需水量有较大幅度减少。尤以在其他条件相同情势下，执行水稻控灌，减少水稻灌溉定额，对灌溉需水量的影响最大。在水稻控灌的条件下，以水稻种植面积压减50%，高效节灌面积占比为扬黄灌区70%、引黄灌区30%，渠系水利用系数维持在0.62的用水条件，灌溉需水量最大，为4.90亿m^3；以水稻种植面积压减 75%，高效节灌面积占比为扬黄灌区 90%、引黄灌区 40%，渠系水利用系数维持在 0.66 的用水条件，灌溉需水量最小，为 4.44 亿 m³，分别较基准年方案较少 14.78%～22.78%。具体见图 6-6。

表 6-11 不同措施下贺兰县各计算单元需水量 （单位：亿 m³）

节水措施	基准方案	种植结构调整		高效节水灌溉面积发展			渠系衬砌			水稻控灌
计算单元	方案 J0	方案 S1	方案 S2	方案 S3	方案 S4	方案 S5	方案 S6	方案 S7	方案 S8	方案 S9
LG-HN	0.796	0.722	0.686	0.787	0.782	0.777	0.777	0.753	0.731	0.719
JX-HN	0.183	0.165	0.157	0.181	0.180	0.179	0.178	0.173	0.168	0.165
JG-HN	0.239	0.215	0.202	0.237	0.235	0.233	0.234	0.226	0.220	0.216
JG-HY	0.659	0.601	0.571	0.653	0.650	0.647	0.645	0.627	0.610	0.600
XG-HY	0.215	0.198	0.189	0.213	0.212	0.211	0.210	0.205	0.199	0.196
LG-HY	0.258	0.235	0.223	0.256	0.255	0.253	0.253	0.246	0.239	0.235
LG-TLMDQ	0.216	0.202	0.194	0.213	0.212	0.210	0.211	0.205	0.199	0.202
HG-TLMDQ	0.357	0.336	0.325	0.352	0.349	0.346	0.349	0.338	0.328	0.334
CX-TLMDQ	0.728	0.682	0.660	0.717	0.712	0.706	0.711	0.689	0.669	0.680
YZC-TLMDQ	0.149	0.140	0.136	0.147	0.145	0.144	0.145	0.141	0.137	0.139
XG-TLMDQ	0.022	0.021	0.020	0.022	0.022	0.022	0.022	0.021	0.021	0.021
XG-TLNL	0.158	0.145	0.139	0.156	0.155	0.154	0.154	0.150	0.145	0.144
CX-TLNL	0.755	0.693	0.662	0.746	0.741	0.736	0.737	0.714	0.693	0.688
NL-TLNL	0.030	0.028	0.027	0.030	0.029	0.029	0.030	0.029	0.028	0.028
NQ-TLNL	0.117	0.107	0.103	0.115	0.115	0.114	0.114	0.111	0.107	0.106
NQ-TLNQ	0.037	0.035	0.035	0.036	0.035	0.035	0.036	0.034	0.034	0.035
HG-TLNQ	0.166	0.162	0.159	0.162	0.160	0.158	0.162	0.157	0.153	0.161
NQ-TLCG	0.273	0.240	0.224	0.270	0.268	0.266	0.266	0.258	0.250	0.237
NQ-XG	0.221	0.221	0.221	0.215	0.211	0.208	0.215	0.209	0.202	0.221
HG-XG	0.171	0.171	0.171	0.166	0.161	0.157	0.167	0.162	0.157	0.171
总计	5.750	5.319	5.104	5.674	5.629	5.585	5.616	5.448	5.290	5.298

年内贺兰全县 7 月需水量最大，为 0.842 亿～1.285 亿 m³，占全年总需水量的 18.96%～22.35%；其次为 8 月和 6 月，需水量分别在 0.781 亿～1.163 亿 m³ 和 0.779 亿～1.122 亿 m³，分别占全年需水量的 17.33%～21.43% 和 17.24%～20.64%；3 月需水量最小，为 0.059 亿～0.064 亿 m³，占比在 1.11%～1.32%。各方案各月需水量具体见图 6-7。

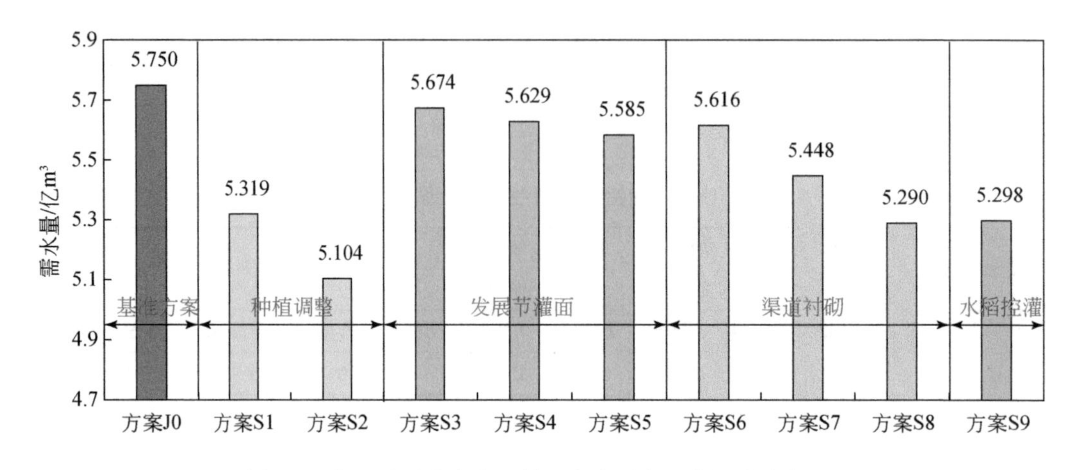

图 6-5 贺兰县基准方案和单一方案下农业灌溉总需水量

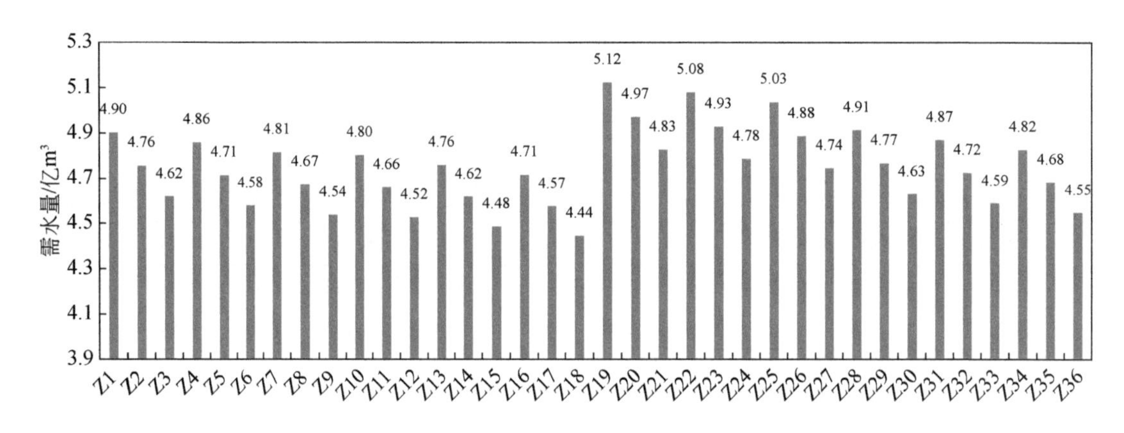

图 6-6 贺兰县综合方案下农业灌溉总需水量

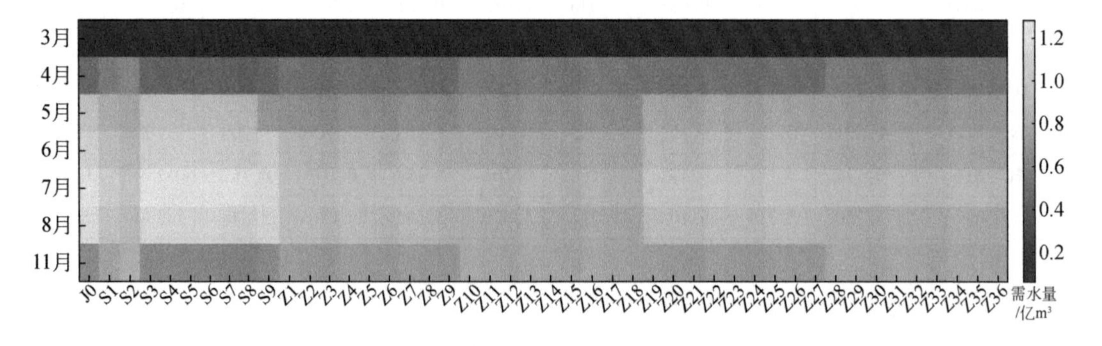

图 6-7 贺兰县各方案不同月份需水量

6.4.3 可供水量预测

本研究重点分析需求端不同节水措施下水需求的变化。因此，基准方案 J0、单一措施方案 S1 ~ S9 和综合方案 Z1-Z36，均采用基准年实际灌溉用水量。

未来可供水量采用《黄河流域生态保护和高质量发展先行区“四水四定”研究报告》确定的指标。贺兰县 2035 年水资源最大可利用量 5.87 亿 m^3，包含生活用水 0.35 亿 m^3、工业用水 0.12 亿 m^3、农业和生态用水 5.4 亿 m^3。其中生态用水量根据最小水位计算法（刘静玲和杨志峰，2004）以及贺兰县渔业发展预测情况确定，2035 年贺兰全县河湖需水量为 7600 万 m^3。因此，2035 年农业灌溉可用水量 4.64 亿 m^3，其中黄河水 4.62 亿 m^3、地下水 0.02 亿 m^3。

6.5 不同方案水土资源均衡配置结果

6.5.1 基准方案水土资源均衡配置评价分析

由表 6-12 和表 6-13 可见，贺兰县基准年灌溉需水量约为 5.75 亿 m^3，供水量约为 4.54 亿 m^3，其总缺水率为 21%；对基准年灌溉水资源进行空间、时间均衡配置后，全县缺水总量不变，但缺水均衡度和地下水位均有好转。

表 6-12　基准年贺兰县分区灌水量均衡配置后结果

计算单元	需水量/万 m^3	地表水供水量/万 m^3	地下水供水量/万 m^3	缺水量/万 m^3	缺水率/%
LG-HN	7 962	5 973	122	1 867	23.4
JX-HN	1 829	1 001	492	336	18.4
JG-HN	2 393	1 842	91	460	19.2
JG-HY	6 590	5 040	52	1498	22.7
XG-HY	2 151	1 345	400	406	18.9
LG-HY	2 583	2 041	41	501	19.4
LG-TLMDQ	2 163	1736	19	408	18.9
HG-TLMDQ	3 569	2742	94	733	20.5
CX-TLMDQ	7 277	5531	65	1 681	23.1
YZC-TLMDQ	1 487	1063	161	263	17.7
XG-TLMDQ	223	172	23	28	12.6
XG-TLNL	1 581	1 274	23	284	18.0
CX-TLNL	7 544	5 632	158	1 754	23.3
NL-TLNL	303	246	16	41	13.5
NQ-TLNL	1 167	845	123	199	17.1
NQ-TLNQ	365	298	16	51	14.0

续表

计算单元	需水量/万 m^3	地表水供水量/万 m^3	地下水供水量/万 m^3	缺水量/万 m^3	缺水率/%
HG-TLNQ	1 662	1 122	241	299	18.0
NQ-TLCG	2 726	2 078	113	535	19.6
NQ-XG	2 207	1 688	101	418	18.9
HG-XG	1 713	1 240	160	313	18.3
总计	57 495	42 909	2 511	12 075	21.0

比较基准年灌溉水均衡配置后结果（表6-13 和图6-8）可见：空间上，各计算单元的累计缺水率由现状年 440.76% 降低至 375.83%；各计算单元缺水率方差由 0.023 降低至 0.001，降低了 96.11%；各单元空间缺水率均维持在 12.9%~23.5%。

表6-13　基准年贺兰县灌区水资源时空均衡配置效果对比表

优化类型	对比指标	均衡配置前	均衡配置后	变化率/%
空间优化	各计算单元累计缺水率	440.76%	375.83%	-14.73
	各计算单元缺水率方差	0.023	89.5×10^{-5}	-96.11
时间优化	作物生育期各月累计缺水率	187.58%	137.61%	-26.64
	作物生育期各月缺水率方差	0.28	9.26×10^{-5}	-99.97

注：变化率=（优化前-优化后）/优化后×100%

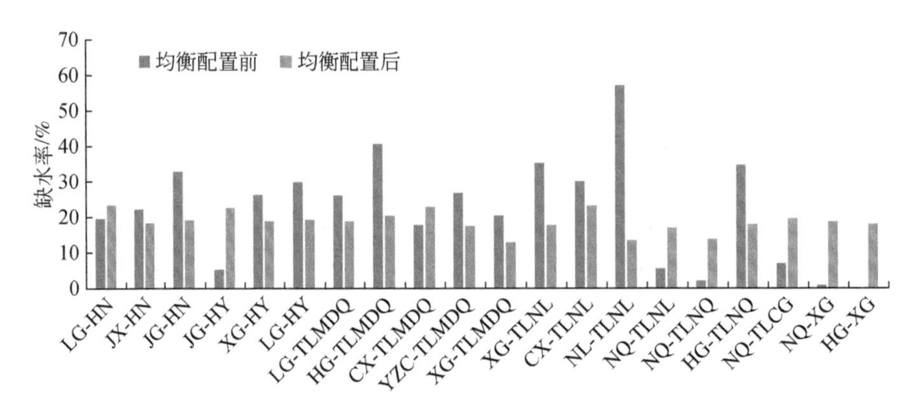

图6-8　贺兰县灌区各计算单元基准年均衡配置前后灌溉水缺水率

时间上，经过优化，基准年与现状年相比，年内各月累计缺水率由 187.58% 降低至 137.61%；年内各月缺水率方差降低了 99.67%，具体各单元各月缺水率维持在 13.41%~22.01%。优化后的空间分布见图 6-9。

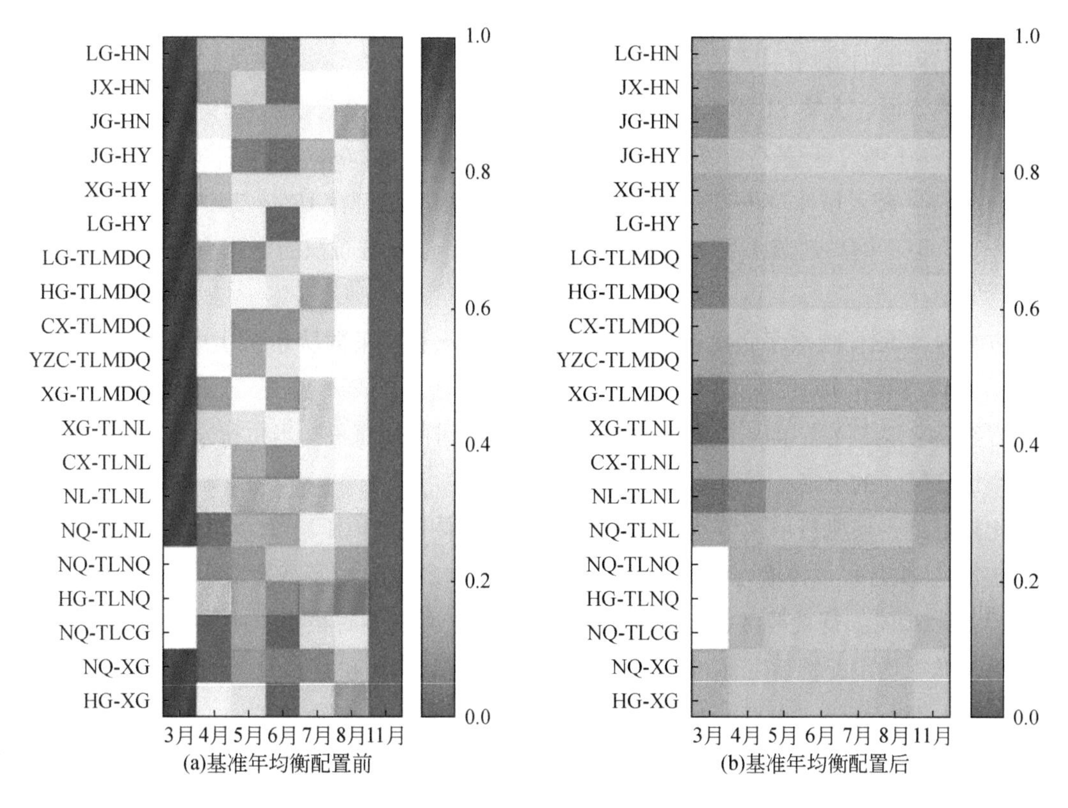

图 6-9　贺兰县灌区各计算单元基准年均衡配置前后灌溉水缺水率对比

经优化前后相比，全县地下水埋深位于生态水位埋深阈值区间的年均面积由 189.20km² 增加至 192.82km²，增加了 1.91%。其中，年内 3～4 月和 9～10 月面积增加较多，具体见表 6-14。

表 6-14　基准年均衡配置前后地下水埋深位于生态水位埋深阈值区间的面积

方案	面积/km²				年平均值/km²	增长率/%
	解冻前至夏灌前	作物生长期/km	冬灌前	冬灌至次年解冻前/km²		
	3～4 月	5～8 月	9～10 月	11 月至次年 2 月		
基准年均衡配置前	250.95	93.24	251.65	160.97	189.20	—
基准年均衡配置后	265.15	92.41	253.28	160.42	192.82	1.91

6.5.2　单一方案水土资源优化配置评价分析

对比基准年实施单一节水措施前后，区域水资源供需关系与地下水埋深变化结果表明：执行不同节水措施并进行合理优化配置后，各方案对应的节水措施对缺水率和地下水位均有不同程度的影响。

缺水率方面，方案 S1 和 S2：效果相对明显，当水稻压减 50%~75% 后，全县缺水率维持在 10%~15%，与基准方案相比，缺水率降低 30%~47.6%。

方案 S3 ~ S5：缺水率的变化并不明显，全县缺水率维持在 18%~20%，较基准年方案略有减少。但不同高效节水灌溉面积发展自身比，节水灌溉面积的增加有利于缓解水资源短缺。

方案 S6 ~ S8：缺水率变化较明显，当灌溉渠系水利用系数从 0.62 增加到 0.66 时，缺水率降为 14.14%~19.12%。

方案 S9：对缺水率的影响较大，即使不调整水稻种植面积，当执行水稻控灌后，全县缺水率也有较大的下降，其降幅为 14.27%。

比较可见，仅执行单一节水措施对节水的效果体现为：压减 75% 水稻面积转种玉米（S2 方案）、执行水稻控灌（S9 方案）对缺水率影响最大，发展高效节水灌溉面积（引黄灌区提高至 70%、扬黄灌区提高至 30%，S3 方案）影响相对最小。不同节水措施下的缺水率与基准年均衡配置后（基准方案 J0）的对比见图 6-10 和图 6-11。

地下水埋深变化：由表 6-15 和图 6-12 可见，所有单一变量方案 S1 ~ S9，地下水平均埋深幅度变化不大，但位于生态水位埋深阈值区间的面积较基准年均衡配置后（基准方案 J0）均有增加。其中，调整种植结构（方案 S1 ~ S2）对地下水埋深调控效果最好，其次为提高高效节水灌溉面积和实施水稻控灌（方案 S3 ~ S5 和方案 9），提高渠系水利用系数（方案 S6 ~ S8）的优化效果相对其他节水措施较小。

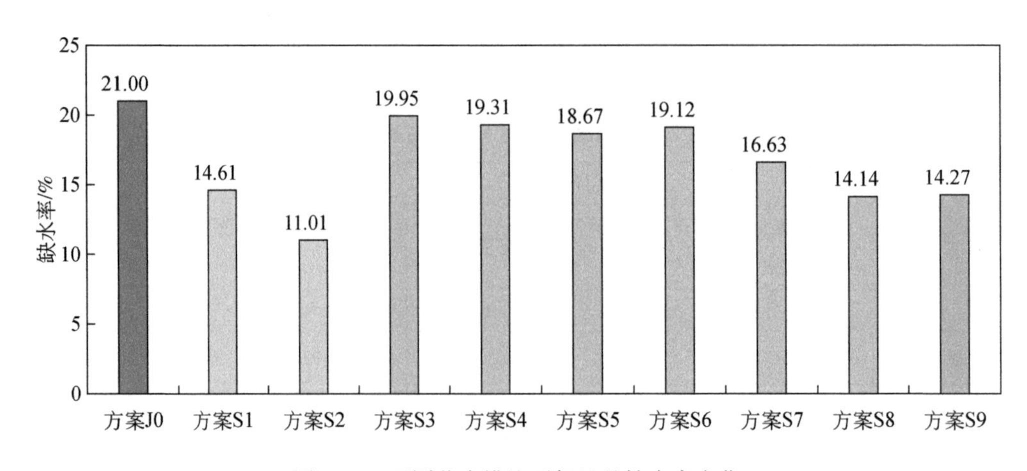

图 6-10　不同节水措施下贺兰县缺水率变化

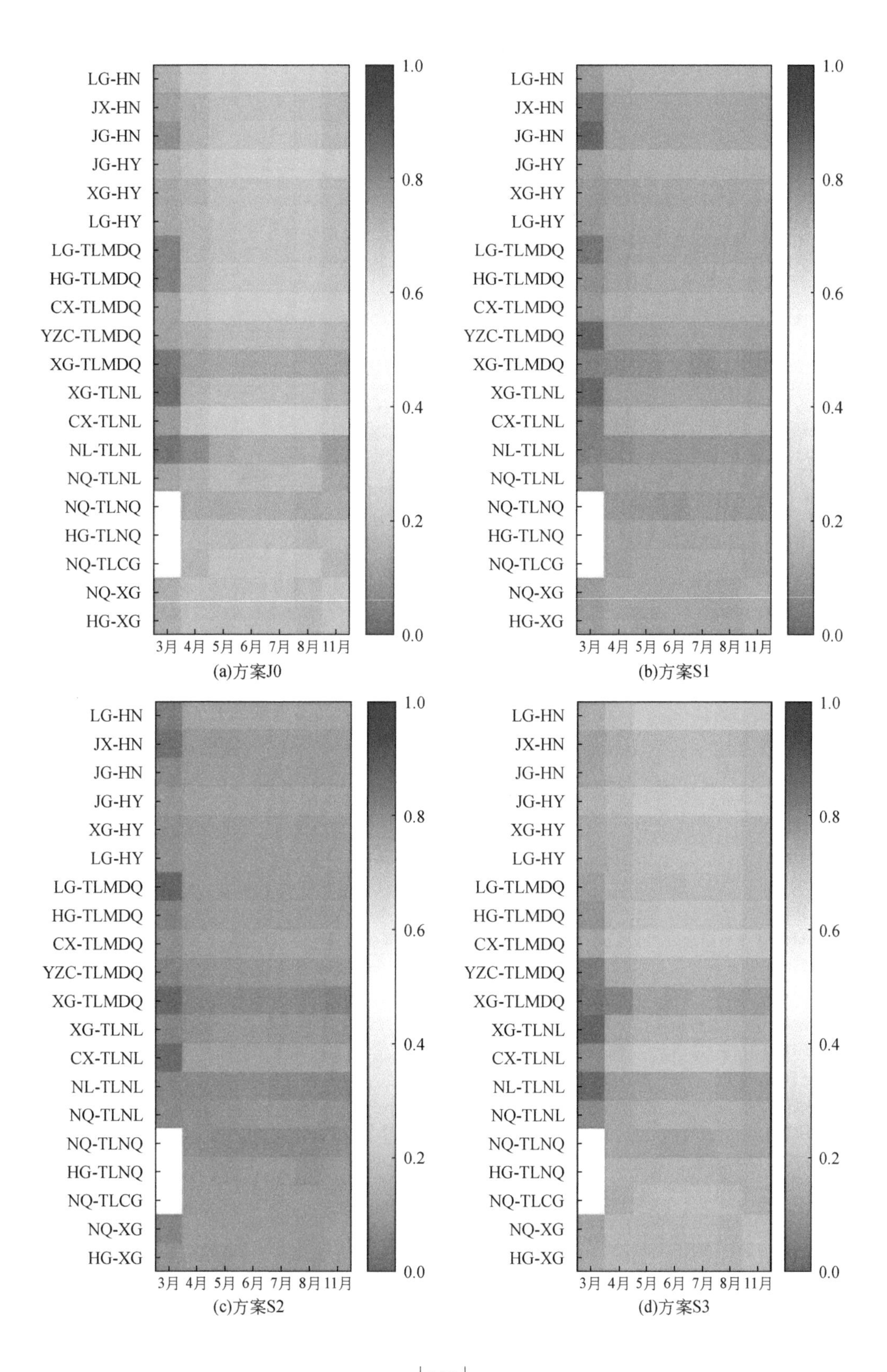

(a)方案J0

(b)方案S1

(c)方案S2

(d)方案S3

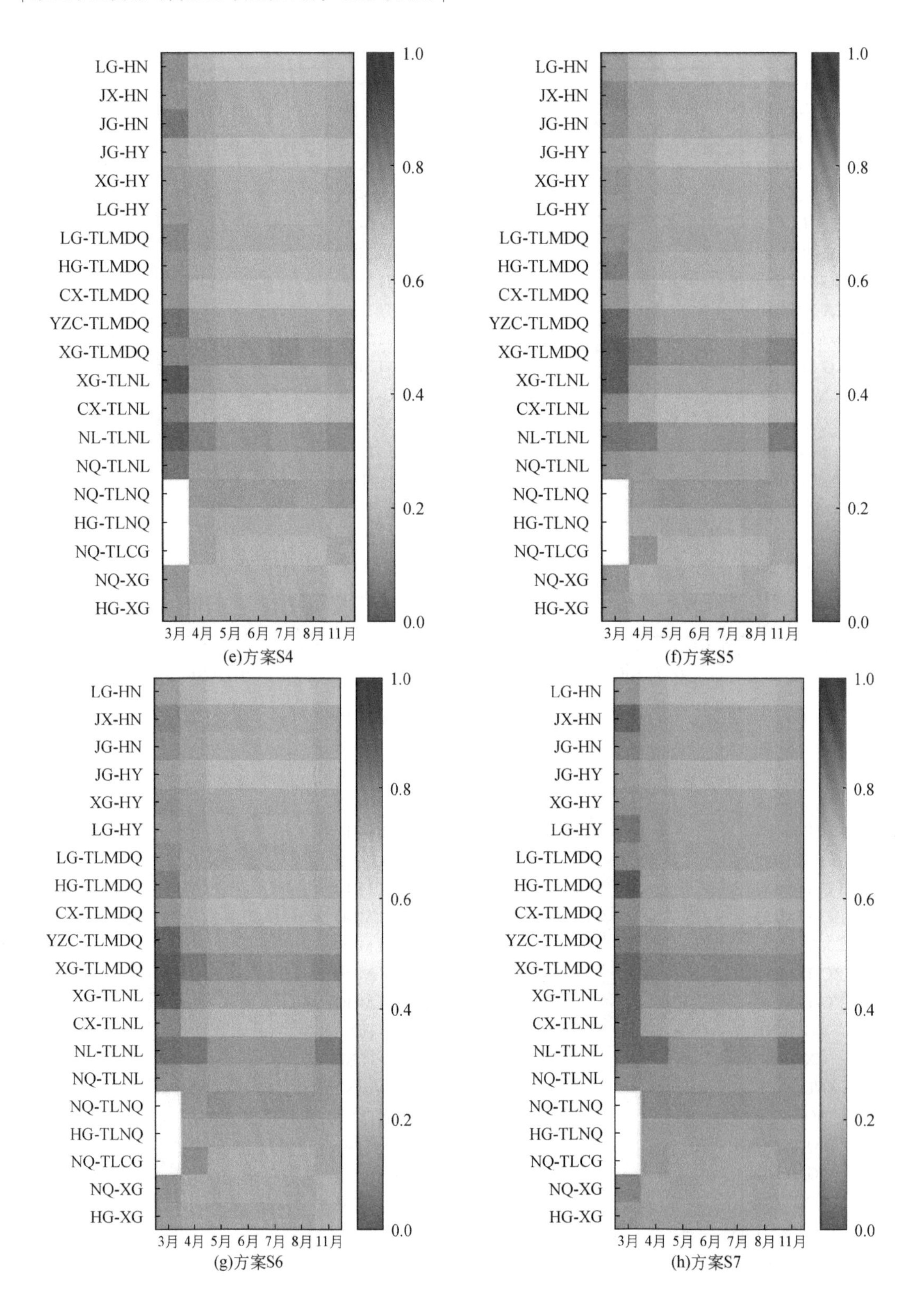

(e)方案S4

(f)方案S5

(g)方案S6

(h)方案S7

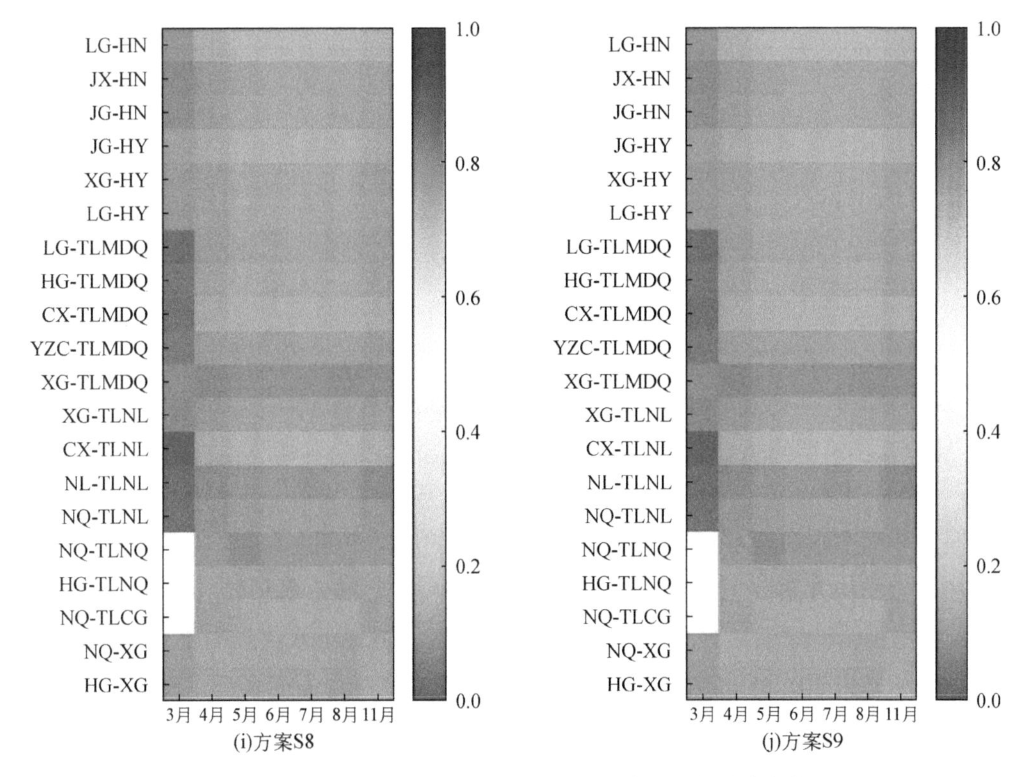

图 6-11　不同节水措施下作物生育期内各月份缺水率变化

表 6-15　不同节水措施下地下水埋深位于生态埋深阈值区间的面积

方案		面积/km²					与基准年均衡配置前相比增长率/%	与基准年均衡配置后（基准方案 J0）相比增长率/%
		解冻至夏灌前（3～4 月）	作物生长期（5～8 月）	冬灌前（9～10 月）	冬灌至次年解冻前(11 月～次年 2 月)	年平均值		
基准年	均衡配置前	250.95	93.24	251.65	160.97	189.2	—	—
	均衡配置后（基准方案 J0）	265.15	92.41	253.28	160.42	192.82	1.91	—
单一变量方案	S1	276.86	97.34	260.59	171.82	201.65	6.58	4.58
	S2	278.28	96.2	256.88	172.6	200.99	6.23	4.24
	S3	272.35	98.66	263.1	166.77	200.22	5.82	3.84
	S4	266.86	99.67	260.77	161.36	197.16	4.21	2.25
	S5	265.72	99.2	261.98	163.92	197.71	4.50	2.54
	S6	268.69	98.74	261.73	163.04	198.05	4.68	2.71
	S7	268.36	97.18	259.99	162.91	197.11	4.18	2.22
	S8	264.08	96.28	256.34	160.14	194.21	2.65	0.72
	S9	270.82	96.64	263.51	167.83	199.7	5.55	3.57

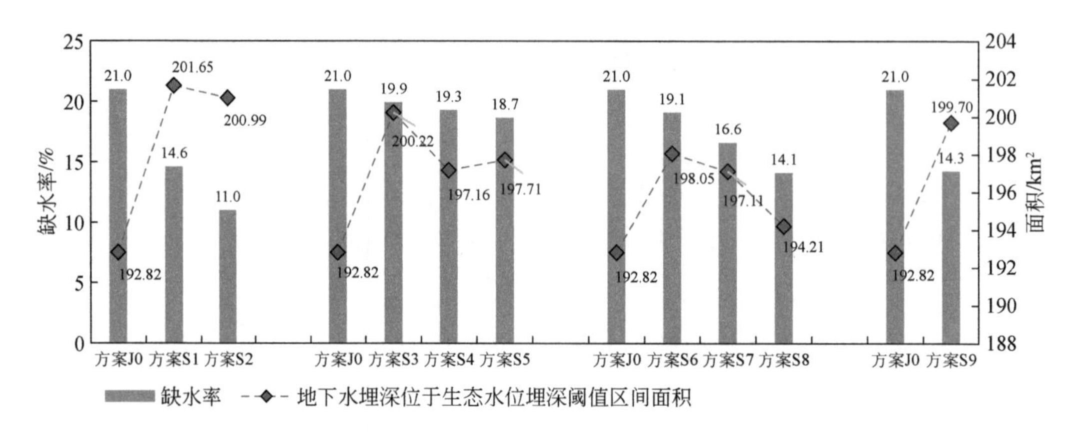

图 6-12　不同节水措施下缺水率和地下水埋深位于生态水位埋深阈值区间的面积变化

但是，相同节水措施不同节水程度对地下水位的影响不同。

调整种植结构方案（方案 S1 ~ S2）：方案 S2（压减 75% 水稻转种玉米）较方案 S1（压减 50% 水稻转种玉米）对灌区缺水率有较大缓解，但地下水位控制于生态水位埋深阈值区间的面积却由 201.65km^{2}减少至 200.99km^2，较基准年均衡配置后（基准方案 J0）面积增长率由 4.58% 降至 4.24%。这可能是由于大幅度压减水稻种植面积，在减少水资源需求的同时也减少了地下水补给量，引起了灌区地下水位大幅下降。

高效节水灌溉面积发展方案（方案 S3 ~ S5）：随着节水灌溉面积的推广，缺水率一致下降，且地下水位控制在生态水位埋深范围的面积也有增加；但是方案 S4 ~ S5 对应的面积却小于方案 S3，呈现减少趋势。

提高渠系水利用系数方案（方案 S6 ~ S8）：与基准年方案 J0 对比，缺水率和地下水埋深位于合理区间的面积具有较好的优化效果，但随着渠系水利用系数提高，地下水埋深位于合理区间面积呈下降趋势。

综合可见，要保障研究区缺水率相对较小且维持地下水相对合理埋深范围，实现灌区水土资源的良性健康发展，若按照单一节水措施方案进行灌溉措施的推广，建议按照如下优先序考虑选择相关措施：调整水稻种植结构 75% 左右、水稻执行控灌、发展高效节水灌溉面积（扬黄灌区 90%，引黄灌区 40%）、渠系水利用系数维持在 0.64。

6.5.3　综合方案水土资源优化配置评价分析

组合后的 36 个方案，与基准年和单一方案相比，缺水率进一步降低（图 6-13），各方案缺水率均维持在 12% 以内，尤以有水稻控制灌溉措施的方案 Z1 ~ Z18 的缺水率较小，其缺少率不足 8%，其中方案 Z9、Z12、Z15 和 Z18 不缺水。

随着综合节水措施的加强，缺水率呈降低趋势，地下水埋深位于合理区间的面积增

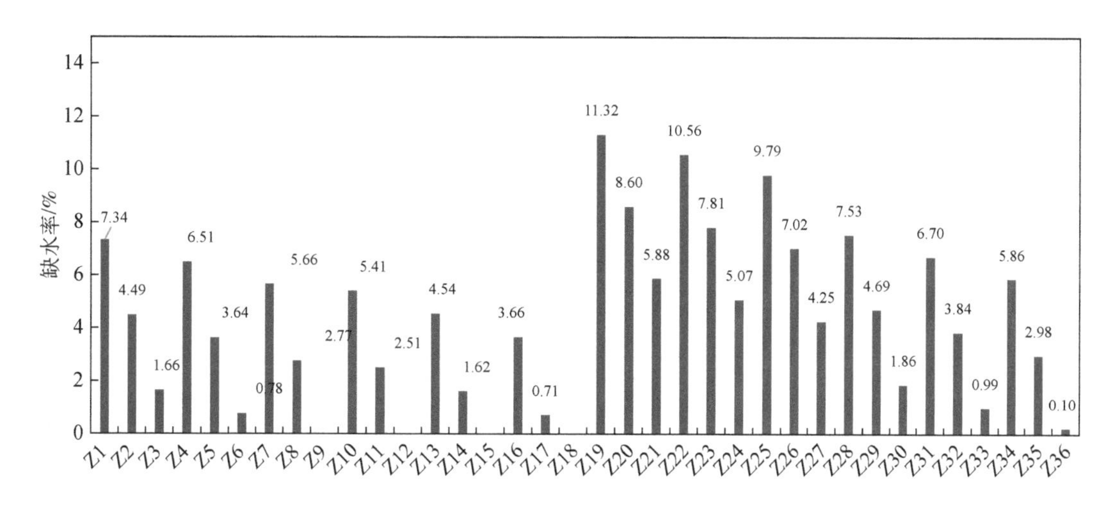

图 6-13　综合节水方案下全县农业灌溉缺水率

加；但相同类型的措施则体现为随着节水程度的增加先增加后减少。

按照用水总量和地下水埋深的双总量控制，以缺水率控制在 5% 以内和合理地下水埋深面积控制在 200km^2 合理范围为目标，方案 Z13、Z16 相对较好且 Z16 更好，即在水稻面积压减 75%，且剩余水稻全部实施控灌的情势下，推广高效节灌面积（扬黄灌区节水灌溉面积维持在 90%，引黄灌区节水灌溉面积维持在 40%）和渠道适度衬砌（渠系水利用系数维持在 0.62）在节水和地下水保护方面均最优。

总之，综合工程措施和非工程措施的推进，由于不同措施的相互作用，按照提高灌溉水有效率、减少耗水的原则，实施水稻压减和高效节水灌溉面积发展、渠系水利用系数控制在 0.62 左右，可保障灌区的缺水相对较少且地下水生态环境相对良好。具体变化见图 6-14 和表 6-16。

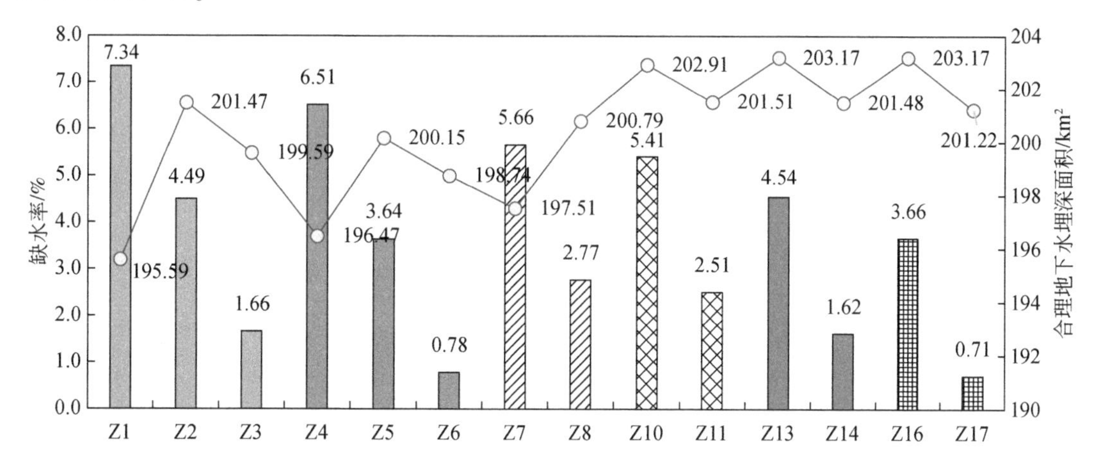

图 6-14　不同节水措施组合方案的缺水率和合理地下水埋深面积变化

表 6-16　不同节水措施组合方案下地下水埋深位于生态埋深阈值区间的面积

方案		面积/km²					与基准年均衡配置前相比增长率/%	与基准年均衡配置后（基准方案 J0）相比增长率/%
		解冻至夏灌前（3～4 月）	作物生长期（5～8 月）	冬灌前（9～10 月）	冬灌至次年解冻前(11 月～次年 2 月)	年平均值		
基准年	均衡配置前	250.95	93.24	251.65	160.97	189.20	—	—
	均衡配置后（基准方案 J0）	265.15	92.41	253.28	160.42	192.82	1.91	—
综合方案	Z1	269.26	93.81	254.29	165.01	195.59	3.38	1.44
	Z2	276.05	96.59	261.18	172.06	201.47	6.49	4.49
	Z3	273	95.76	259.6	170.01	199.59	5.49	3.51
	Z4	273.54	93.37	253.95	165.01	196.47	3.84	1.89
	Z5	273.23	96.66	260.53	170.17	200.15	5.79	3.80
	Z6	271.99	95.26	258.28	169.44	198.74	5.04	3.07
	Z7	270.07	94.82	257.45	167.7	197.51	4.39	2.43
	Z8	275.46	96.4	260.17	171.12	200.79	6.13	4.13
	Z10	279.5	96.74	260.59	174.8	202.91	7.25	5.23
	Z11	276.93	95.81	259.03	174.26	201.51	6.51	4.51
	Z13	279.5	96.87	261.7	174.62	203.17	7.38	5.37
	Z14	277.66	96.17	258.82	173.27	201.48	6.49	4.49
	Z16	279.55	97.13	260.92	175.09	203.17	7.38	5.37
	Z17	276.78	95.71	258.59	173.79	201.22	6.35	4.36

6.5.4　未来规划年灌区水土资源均衡配置分析

通过以上综合方案对比分析，采用方案 Z16 对未来 2035 规划年进行预测分析，根据《黄河流域生态保护和高质量发展先行区“四水四定”研究报告合编》可知，贺兰县 2035 年水资源最大可利用量为 5.87 亿 m³。扣除生活用水、工业用水、生态用水后，农业灌溉可用水量为 4.64 亿 m³。在 2035 年供水条件下全县缺水率为 1.58%，较基准年降低了 19.42 个百分点（图 6-15）。在空间上，各计算单元的累计缺水率由基准年均衡配置前的 440.76% 降低至规划年 26.91%；各计算单元缺水率方差由 0.023 降低至 4.46×10^{-5}；在时间上，通过优化，年内各月累计缺水率由基准年均衡配置前的 187.58% 降低至 13.87%；年内各月缺水率方差由 0.28 降低至 1.38×10^{-4}。规划年（2035 年）与基准年均衡配置后对比见表 6-17。

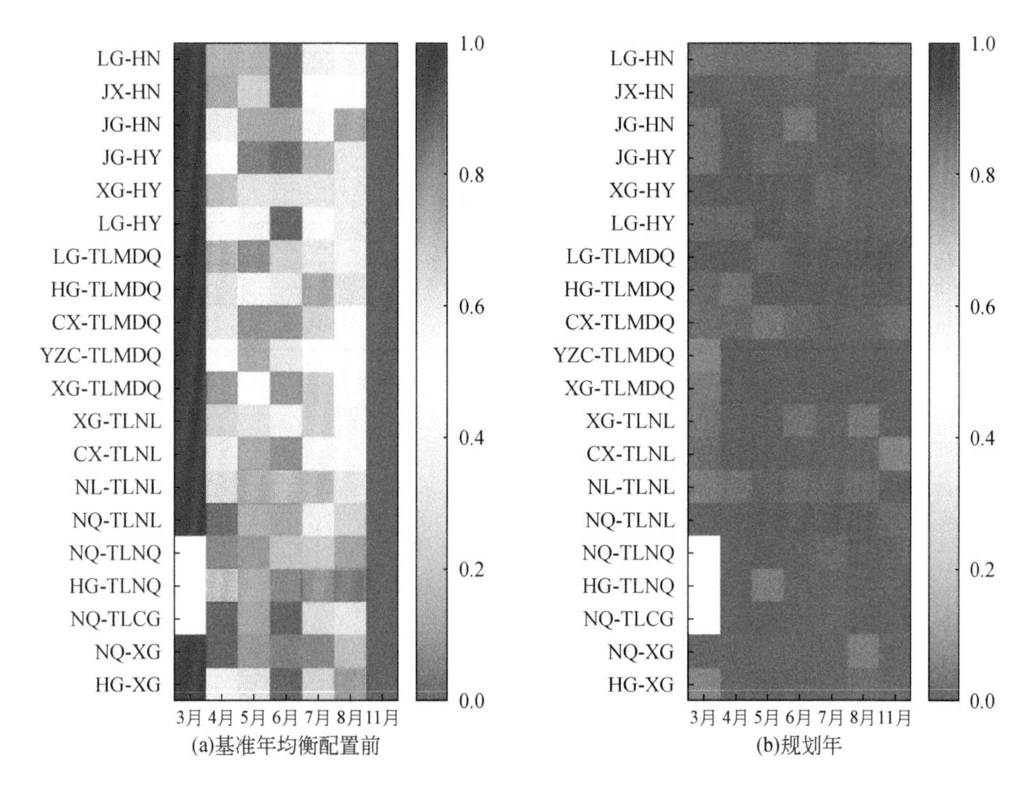

图 6-15 贺兰县灌区各计算单元各月基准年均衡配置前与规划年灌溉缺水率对比

表 6-17 基准年均衡配置前后与规划年配置效果对比表

对比指标	基准年均衡配置前	基准年均衡配置后	规划年（2035 年）
各计算单元累计缺水率/%	440.76	375.83	36.91
各计算单元缺水率方差	0.023	89.5×10^{-5}	4.46×10^{-5}
作物生育期各月累计缺水率/%	187.58	137.61	13.87
作物生育期各月缺水率方差	0.28	9.26×10^{-5}	1.38×10^{-5}

在地下水优化方面，贺兰县地下水埋深位于生态水位埋深阈值区间的年均面积由基准年均衡配置前的 189.20km^{2}增加至规划年的 203.98km^2，增加了 7.81%。其中，3～4 月和 11 月至次年 2 月面积增加最快，达 9% 以上。不同时段地下水埋深位于生态水位埋深阈值区间的面积见表 6-18。

表 6-18　基准年均衡配置前后与规划年地下水埋深位于生态埋深阈值区间的面积

方案	面积/km^2					与基准年均衡配置前相比增长率/%	与基准年均衡配置后（基准方案 J0）相比增长率/%
	解冻至夏灌前（3～4 月）	作物生长期（5～8 月）	冬灌前（9～10 月）	冬灌至次年解冻前(11 月～次年 2 月)	年平均值		
基准年均衡配置前	250.95	93.24	251.65	160.97	189.20	—	—
基准年均衡配置后	265.15	92.41	253.28	160.42	192.82	1.91	—
规划年（2035 年）	281.00	97.67	260.82	176.44	203.98	7.81	5.79

第7章 水土资源均衡配置方案下现代化生态灌区健康评价

7.1 现状现代化生态灌区健康状况

7.1.1 现状健康评价指标的数据

基于第3章的现代化生态灌区健康评价指标，综合贺兰县特点，以数据可得性为原则，构建灌区生态环境、灌区现代化水平、灌区农业生产效益及灌区可持续发展共4个一级指标、22个二级指标，各指标的含义和单位见表7-1。

通过查阅《贺兰统计年鉴》《银川统计年鉴》《宁夏统计年鉴》《宁夏水资源公报》《宁夏水利统计公报》以及贺兰县当地发展规划和水资源配置计划等大量相关资料，获取贺兰灌区2007～2017年22个二级指标实际数值，详见表7-2。

7.1.2 权重计算

1. 熵权法

熵权法计算各级指标的权重。

（1）根据式（3-23）、式（3-24）将2007～2017年各二级指标数据标准化处理。

（2）根据式（3-26）计算出灌区生态环境、灌区现代化水平、灌区农业生产效益及灌区可持续发展4个一级指标所包括二级指标的熵值与指标差异性系数，如表7-3所示。

（3）将灌区生态环境包含的7个二级指标的指标差异性系数代入式（3-27），计算各二级指标在灌区生态环境内的权重；采用相同的方法，计算灌区现代化水平、灌区农业生产效益及灌区可持续发展内各二级指标的权重。

（4）将4个一级指标的指标差异性系数代入式（3-27），计算各一级指标的权重。贺兰县现代化生态灌区一级指标权重和二级指标权重见表7-4。

表 7-1　生态灌区健康评价指标体系

一级指标	二级指标	单位	含义	指标性质
灌区生态环境 A1	森林覆盖率 B1	%	有森林覆盖的面积与总面积的比值	+
	干旱指数 B2	—	年蒸发能力与年降水量的比值	-
	地下水埋深 B3	m	地表到地下水的距离	中间
	水域面积率 B4	%	表征灌区环境的灌溉潜力，指承载水域功能的区域面积与区域总面积的比值。区域内河流湖泊等水域面积与区域总面积之比	+
	地下水矿化度 B5	g/L	单位体积地下水中可溶盐的含量	-
	地表水氨氮浓度 B6	mg/L	单位体积地下水中氨氮的含量	-
	土壤含盐量 B7	g/kg	土壤中所含盐分的质量与干土质量的比例	-
灌区现代化水平 A2	渠系衬砌率 B8	%	衬砌渠道长度与渠道总长度的比值	+
	有效灌溉面积比例 B9	%	有效灌溉的面积占耕地总面积比例	+
	高效节水灌溉面积比例 B10	%	高效节水灌溉面积占灌区有效灌溉面积比例	+
	农业机械总动力 B11	万 kW・h		+
	灌区的信息化程度 B12	—	信息化程度的大小	+
灌区农业生产效益 A3	农业单方水产值 B13	元/m^3	农业产值与用水量的比值	+
	粮食作物单产 B14	kg/hm^2	单位面积耕地的粮食作物产量	+
	亩均灌溉用水量 B15	m^3	农田灌溉用水量（m^3）与实际灌溉面积（亩）的比值	-
	农田灌溉水有效利用系数 B16	—	农田灌溉水有效利用系数用净灌溉用水量与毛灌溉用水量的比值来求得	+
	水分生产率 B17	kg/m^3	在一定的作物品种和耕作栽培条件下单位水资源量所获得的产量	+
	复种指数 B18	无	指一定时期内（一般为 1 年）在同一地块耕地面积上种植农作物的平均次数，即年内耕地上农作物总播种面积与对应耕地面积之比	+
灌区可持续发展 A4	水资源开发利用率 B19	%	灌区内现状用水量与水资源量的比值	-
	农药施用强度 B20	kg/hm^2	指单位面积上喷洒农药的质量	-
	化肥施用强度 B21	kg/hm^2	指单位面积上所施肥的质量，采用国际通用的 GLASOD 计算	-
	水土资源匹配度 B22	—	农业灌溉用水量和有效灌溉面积之间的空间错配指数	-

注：指标性质“+”表示正向指标，“-”表示指逆向指标，“中间”表示越趋于中间值越优

表 7-2　贺兰灌区 2007 ~ 2017 年指标数据

二级指标	2007 年	2008 年	2009 年	2010 年	2011 年	2012 年	2013 年	2014 年	2015 年	2016 年	2017 年
B1	5. 896	6. 392	6. 89	7. 38	6. 22	6. 22	12. 77	12. 77	12. 79	12. 78	12. 8
B2	6. 89	8. 1	8. 26	8. 31	10. 16	4. 39	6. 97	7. 76	7. 76	4. 92	6. 01
B3	2. 57	2. 42	2. 43	2. 49	2. 6	2. 63	2. 71	2. 75	2. 67	2. 74	2. 76
B4	8. 28	8. 09	7. 92	7. 78	7. 67	7. 59	7. 53	7. 5	7. 5	7. 52	7. 56
B5	1. 72	1. 67	2. 269	1. 48	1. 141	1. 12	1. 283	1. 5	1. 5	1. 56	1. 55
B6	20	11. 33	17. 6	14. 6	18. 13	17. 4	21. 93	20. 71	14. 91	19. 06	9. 43
B7	1. 863	1. 956	2. 05	1. 2	1. 102	0. 91	0. 6238	0. 91	0. 7505	0. 68	0. 67
B8	50. 7	51. 1	51. 3	53. 4	55. 38	57. 25	59	59	59	58. 68	58. 68
B9	89. 15	89. 5	88. 07	95. 28	99. 05	89	90. 3	88. 6	90. 4	90. 33	90. 79
B10	0. 4	0. 93	0. 89	1. 75	8. 45	14	20. 85	25. 93	17. 2	19. 83	26. 45
B11	38. 31	39. 1	40. 4	42. 6	42. 8	43. 7	44. 7	43. 6	42. 5	38. 8	45. 04
B12	4	4	4	3	3	3	3	2	2	2	2
B13	1. 582	1. 795	2. 217	2. 769	3. 174	3. 563	3. 908	3. 91	4. 56	5. 49	4. 001
B14	6598. 3	6862. 2	6864. 7	7237	7264. 5	7488. 1	7506. 5	7216. 1	7524. 9	7586. 2	8485. 1
B15	867	857	833	813	792	761	668	695	779	770	675
B16	0. 37	0. 38	0. 39	0. 4	0. 41	0. 42	0. 43	0. 441	0. 47	0. 48	0. 508
B17	1. 1959	1. 2613	1. 5819	1. 81	1. 93	2. 035	1. 978	2. 129	2. 063	3. 01	4. 805
B18	1. 3274	1. 2462	1. 2908	1. 318	1. 3142	1. 1976	1. 0703	1. 026	1. 1589	1. 184	1. 0688
B19	13. 62	13. 85	13. 72	13. 79	13. 7	13. 641	13. 804	13. 315	12. 934	13. 804	13. 422
B20	4. 49	4. 75	4. 67	4. 98	5. 05	5	5. 53	5. 18	4. 79	4. 51	4. 47
B21	1285. 6	1387. 2	1385. 2	1507. 0	1486. 4	1467. 7	1623. 2	1377. 7	1243. 6	1162. 6	1103. 0
B22	5. 578	5. 475	6. 076	5. 705	5. 884	6. 214	5. 799	5. 768	5. 958	5. 242	5. 836

表 7-3　指标差异性系数

一级指标	指标差异性系数	二级指标	指标差异性系数
灌区生态环境	0. 9151	森林覆盖率	0. 2955
		干旱指数	0. 1043
		地下水埋深	0. 0595
		水域面积率	0. 1259
		地下水矿化度	0. 0709
		地表水氨氮浓度	0. 1524
		土壤含盐量	0. 1066

续表

一级指标	指标差异性系数	二级指标	指标差异性系数
灌区现代化水平	0.6685	渠系衬砌率	0.1538
		有效灌溉面积比例	0.0604
		高效节水灌溉面积比例	0.1758
		农业机械总动力	0.1160
		灌区的信息化程度	0.1624
灌区农业生产效益	0.6414	农业单方水产值	0.1111
		粮食作物单产	0.0599
		亩均灌溉用水量	0.0648
		农田灌溉水有效利用系数	0.1616
		水分生产率	0.1477
		复种指数	0.0963
灌区可持续发展	0.4551	水资源开发利用率	0.0564
		农药施用强度	0.0528
		化肥施用强度	0.0599
		水土资源匹配度	0.2861

表 7-4　熵权法计算权重结果

一级指标	权重	二级指标	权重
灌区生态环境	0.3415	森林覆盖率	0.3229
		干旱指数	0.1140
		地下水埋深	0.0650
		水域面积率	0.1376
		地下水矿化度	0.0775
		地表水氨氮浓度	0.1665
		土壤含盐量	0.1165
灌区现代化水平	0.2494	渠系衬砌率	0.2301
		有效灌溉面积比例	0.0904
		高效节水灌溉面积比例	0.2630
		农业机械总动力	0.1735
		灌区的信息化程度	0.2430

续表

一级指标	权重	二级指标	权重
灌区农业生产效益	0.2393	农业单方水产值	0.1732
		粮食作物单产	0.0935
		亩均灌溉用水量	0.1010
		农田灌溉水有效利用系数	0.2520
		水分生产率	0.2302
		复种指数	0.1501
灌区可持续发展	0.1698	水资源开发利用率	0.1239
		农药施用强度	0.1160
		化肥施用强度	0.1316
		水土资源匹配度	0.6285

2. 层次分析法

运用层次分析法，以生态灌区健康评价指标体系为基本层次结构建立模型，一级指标为第一层，将每个一级指标包括的二级指标作为第二层。模型的每一层分别在 1 ~ 9 比较尺度下运用成对比较法，构造成对比较判断矩阵，见表 7-5 ~ 表 7-9。

表 7-5　一级指标判断矩阵

一级指标	A1	A2	A3	A4
A1	1.0	2.0	2.0	1.0
A2		1.0	1.0	0.5
A3			1.0	0.5
A4				1.0

表 7-6　灌区生态环境中二级指标判断矩阵

二级指标	B1	B2	B3	B4	B5	B6	B7
B1	1.000	0.250	0.125	0.333	0.1667	0.1429	0.1667
B2		1.000	0.167	2.000	0.250	0.200	0.250
B3			1.000	7.000	4.000	2.000	4.000
B4				1.000	0.200	0.167	0.200
B5					1.000	0.333	1.000
B6						1.000	2.000
B7							1.000

表 7-7 灌区现代化水平中二级指标判断矩阵

二级指标	B8	B9	B10	B11	B12
B8	1.000	4.000	3.000	0.333	0.250
B9		1.000	0.333	0.200	0.143
B10			1.000	0.250	0.200
B11				1.000	0.333
B12					1.000

表 7-8 灌区农业生产效益中二级指标判断矩阵

二级指标	B13	B14	B15	B16	B17	B18
B13	1.000	0.333	1.000	1.000	3.000	4.000
B14		1.000	3.000	3.000	4.000	5.000
B15			1.000	1.000	3.000	4.000
B16				1.000	3.000	4.000
B17					1.000	3.000
B18						1.000

表 7-9 灌区可持续发展中二级指标判断矩阵

二级指标	B19	B20	B21	B22
B19	1.000	0.250	0.250	0.333
B20		1.000	1.000	3.000
B21			1.000	3.000
B22				1.000

对于每一个判断矩阵计算最大特征根及对应特征向量，利用一致性指标和随机性一致比率做一致性检验，计算组合权向量并做组合一致性检验，结果见表 7-10。

表 7-10 一致性指标和随机一致比率判断矩阵

项目	灌区生态环境	灌区现代化水平	灌区农业生产与效益	灌区可持续发展	总排序
一致性指标 CI	0.0695	0.0703	0.0401	0.0278	0.0093
随机性一致比率 CR	0.0518	0.0634	0.0321	0.0313	0.0313

由表 7-10 可见，其随机性一致比率 CR 均小于 0.1，可说明判断矩阵具有满意的一致性。各一级指标和二级指标权重如表 7-11 所示。

表 7-11 层次分析法权重计算结果

一级指标	权重	二级指标	权重
灌区生态环境	0. 3333	森林覆盖率	0. 0238
		干旱指数	0. 0545
		地下水埋深	0. 3686
		水域面积率	0. 0384
		地下水矿化度	0. 1348
		地表水氨氮浓度	0. 2397
		土壤含盐量	0. 1402
灌区现代化水平	0. 1667	渠系衬砌率	0. 1427
		有效灌溉面积比例	0. 0425
		高效节水灌溉面积比例	0. 0784
		农业机械总动力	0. 2600
		灌区的信息化程度	0. 4764
灌区农业生产效益	0. 1667	农业单方水产值	0. 1651
		粮食作物单产	0. 3856
		亩均灌溉用水量	0. 1652
		农田灌溉水有效利用系数	0. 1652
		水分生产率	0. 0754
		复种指数	0. 0435
灌区可持续发展	0. 3333	水资源开发利用率	0. 0790
		农药施用强度	0. 3809
		化肥施用强度	0. 3809
		水土资源匹配度	0. 1592

3. 组合赋权法

为了消除一种方法计算权重的片面性，又充分考虑历年数据所体现出来的指标重要性程度，减少人为因素的影响，本研究将熵权法赋权为 0. 5，层次分析法为 0. 5，即形成组合权重 $w=0.5w_1+0.5w_2$。根据式（3-69）计算组合权重，见表 7-12。

表 7-12 组合权重

一级指标	权重	二级指标	权重
灌区生态环境	0. 3374	森林覆盖率	0. 1734
		干旱指数	0. 0842
		地下水埋深	0. 2168

续表

一级指标	权重	二级指标	权重
灌区生态环境	0.3373	水域面积率	0.0880
		地下水矿化度	0.1062
		地表水氨氮浓度	0.2031
		土壤含盐量	0.1283
灌区现代化水平	0.2081	渠系衬砌率	0.1864
		有效灌溉面积比例	0.0664
		高效节水灌溉面积比例	0.1707
		农业机械总动力	0.2168
		灌区的信息化程度	0.3597
灌区农业生产效益	0.2030	农业单方水产值	0.1692
		粮食作物单产	0.2395
		亩均灌溉用水量	0.1331
		农田灌溉水有效利用系数	0.2086
		水分生产率	0.1528
		复种指数	0.0968
灌区可持续发展	0.2516	水资源开发利用率	0.1015
		农药施用强度	0.2484
		化肥施用强度	0.2563
		水土资源匹配度	0.3938

将熵权法、层次分析法和组合赋权法计算的二级指标的权重绘制于图 7-1 中，可见组合权重介于熵权法权重和层次分析法权重值，综合考虑了主观因素和客观因素。

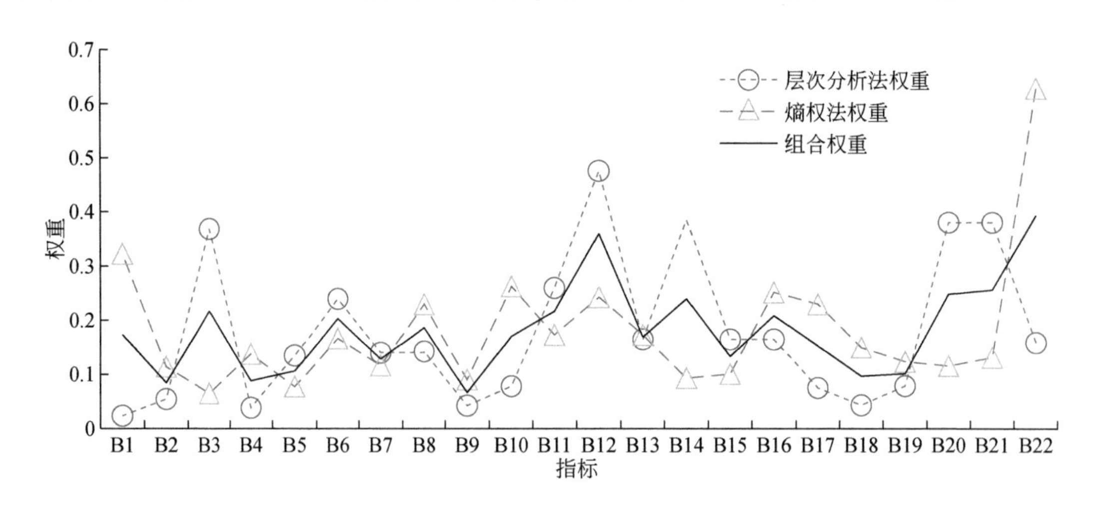

图 7-1　三种方法计算的二级指标权重

7.1.3 单一评价法评价结果

1. Topsis 法评价结果

采用 DPS 数据处理系统中 Topsis 法，将二级指标的分级临界值（Ⅰ-Ⅱ分级临界值、Ⅱ-Ⅲ分级临界值、Ⅲ-Ⅳ分级临界值、Ⅳ-Ⅴ分级临界值共 4 组）与 2007 ~ 2017 年灌区指标数据一同作为研究对象进行计算分析，得出各二级指标的向量距最优向量、最劣向量的距离及其评价值（表 7-13 ~ 表 7-16）。一级指标各个评价对象的评价值见表 7-17。

表 7-13 灌区生态环境 Topsis 法计算结果

评价对象	D+	D-	统计量 CI	排序
Ⅰ-Ⅱ分级临界值	0.0385	1.5845	0.9763	1
Ⅱ-Ⅲ分级临界值	0.9603	0.7161	0.4272	2
Ⅲ-Ⅳ分级临界值	1.3756	0.2604	0.1592	6
Ⅳ-Ⅴ分级临界值	1.5181	0.0895	0.0557	15
2007 年	1.5077	0.1710	0.1019	13
2008 年	1.5083	0.1737	0.1033	12
2009 年	1.5210	0.1606	0.0955	14
2010 年	1.4935	0.1941	0.1150	11
2011 年	1.4970	0.2343	0.1353	10
2012 年	1.4628	0.2648	0.1533	8
2013 年	1.4511	0.3356	0.1878	3
2014 年	1.4646	0.2347	0.1381	9
2015 年	1.4591	0.2736	0.1579	7
2016 年	1.4432	0.2987	0.1715	5
2017 年	1.4461	0.3016	0.1726	4

注：D+表示评价对象向量距最优向量的距离；D-表示评价对象的向量距最劣向量的距离；下同

表 7-14 灌区现代化水平 Topsis 法计算结果

评价对象	D+	D-	统计量 CI	排序
Ⅰ-Ⅱ分级临界值	0.1112	0.6024	0.8442	1
Ⅱ-Ⅲ分级临界值	0.3743	0.3211	0.4617	7
Ⅲ-Ⅳ分级临界值	0.5660	0.1116	0.1646	14
Ⅳ-Ⅴ分级临界值	0.6615	0.0216	0.0316	15
2007 年	0.6326	0.1937	0.2344	12
2008 年	0.6254	0.1951	0.2377	11

续表

评价对象	D+	D-	统计量 CI	排序
2009 年	0.6256	0.1912	0.2341	13
2010 年	0.5800	0.2209	0.2758	10
2011 年	0.4995	0.2698	0.3508	9
2012 年	0.4459	0.3109	0.4108	8
2013 年	0.4008	0.4105	0.5060	6
2014 年	0.2969	0.5036	0.6291	3
2015 年	0.3366	0.3814	0.5312	5
2016 年	0.3199	0.4158	0.5651	4
2017 年	0.2962	0.5146	0.6346	2

表 7-15　灌区农业生产效益 Topsis 法计算结果

评价对象	D+	D-	统计量 CI	排序
Ⅰ-Ⅱ分级临界值	0.2220	0.4181	0.6532	2
Ⅱ-Ⅲ分级临界值	0.3100	0.3101	0.5001	5
Ⅲ-Ⅳ分级临界值	0.4403	0.1662	0.2741	14
Ⅳ-Ⅴ分级临界值	0.5530	0.0605	0.0986	15
2007 年	0.5314	0.2071	0.2804	13
2008 年	0.5144	0.2133	0.2931	12
2009 年	0.4686	0.2256	0.3250	11
2010 年	0.4248	0.2578	0.3777	10
2011 年	0.3979	0.2754	0.4090	9
2012 年	0.3737	0.2973	0.4430	8
2013 年	0.3689	0.3185	0.4633	7
2014 年	0.3557	0.3124	0.4676	6
2015 年	0.3401	0.3424	0.5017	4
2016 年	0.2389	0.4301	0.6429	3
2017 年	0.1617	0.5249	0.7645	1

表 7-16　灌区可持续发展 Topsis 法计算结果

评价对象	D+	D-	统计量 CI	排序
Ⅰ-Ⅱ分级临界值	0.0902	0.8555	0.9047	1
Ⅱ-Ⅲ分级临界值	0.4160	0.5024	0.5470	2
Ⅲ-Ⅳ分级临界值	0.5876	0.3464	0.3709	3
Ⅳ-Ⅴ分级临界值	0.6736	0.2691	0.2855	14

续表

评价对象	D+	D-	统计量 CI	排序
2007 年	0. 7274	0. 3394	0. 3181	7
2008 年	0. 7324	0. 3174	0. 3024	9
2009 年	0. 7336	0. 3219	0. 3050	8
2010 年	0. 7383	0. 3020	0. 2903	13
2011 年	0. 7391	0. 3028	0. 2906	12
2012 年	0. 7393	0. 3064	0. 2930	11
2013 年	0. 7471	0. 2814	0. 2736	15
2014 年	0. 7370	0. 3142	0. 2989	10
2015 年	0. 7301	0. 3446	0. 3206	6
2016 年	0. 7251	0. 3527	0. 3272	5
2017 年	0. 7262	0. 3686	0. 3367	4

表 7-17　灌区生态健康状况 Topsis 法评价结果

评价对象	D+	D-	统计量 CI	排序
Ⅰ-Ⅱ分级临界值	0. 2669	1. 9442	0. 8793	1
Ⅱ-Ⅲ分级临界值	1. 1539	0. 9821	0. 4598	2
Ⅲ-Ⅳ分级临界值	1. 6588	0. 4774	0. 2235	10
Ⅳ-Ⅴ分级临界值	1. 8713	0. 2908	0. 1345	15
2007 年	1. 8668	0. 4742	0. 2026	12
2008 年	1. 8621	0. 4631	0. 1992	14
2009 年	1. 8608	0. 4657	0. 2002	13
2010 年	1. 8145	0. 4941	0. 2140	11
2011 年	1. 7875	0. 5434	0. 2331	9
2012 年	1. 7392	0. 5908	0. 2535	8
2013 年	1. 7206	0. 6796	0. 2831	7
2014 年	1. 7037	0. 7107	0. 2944	5
2015 年	1. 7003	0. 6755	0. 2843	6
2016 年	1. 6638	0. 7559	0. 3124	4
2017 年	1. 6530	0. 8759	0. 3463	3

2. 熵权法评价结果

采用熵权法分别计算四个一级指标的评价值，将一级指标所包含的各二级指标的组合权重（表 7-12 的第 4 列）与各评价对象按照式（3-23）～式（3-24）标准化后的指标数据对应相乘并求和，得到每个评价对象的评价值，见表 7-18。

表 7-18　四个一级指标的评价值

评价对象	灌区生态环境		灌区现代化水平		灌区农业生产效益		灌区可持续发展	
	评级值	排序	评级值	排序	评级值	排序	评级值	排序
Ⅰ-Ⅱ分级临界值	0.9627	1	0.9566	1	0.7927	1	0.9464	1
Ⅱ-Ⅲ分级临界值	0.7426	2	0.6424	4	0.5983	4	0.7971	2
Ⅲ-Ⅳ分级临界值	0.5050	4	0.2963	11	0.3157	14	0.5856	6
Ⅳ-Ⅴ分级临界值	0.2591	15	0.0369	15	0.0958	15	0.3742	15
2007 年	0.3179	13	0.0664	14	0.3326	13	0.5862	5
2008 年	0.3817	11	0.0976	13	0.3375	12	0.5734	7
2009 年	0.2746	14	0.1376	12	0.3987	11	0.5362	11
2010 年	0.4557	7	0.3534	10	0.4674	10	0.5376	10
2011 年	0.4072	10	0.4220	9	0.5037	9	0.5273	12
2012 年	0.4736	5	0.4915	8	0.5127	7	0.5093	13
2013 年	0.4236	9	0.5818	6	0.5250	6	0.5043	14
2014 年	0.3741	12	0.6996	3	0.5045	8	0.5475	9
2015 年	0.4674	6	0.6101	5	0.5710	5	0.5620	8
2016 年	0.4338	8	0.5108	7	0.6711	3	0.6241	3
2017 年	0.5098	3	0.7467	2	0.7286	2	0.5946	4

将表 7-18 中四个一级指标各评价对象的评价值按照式（3-23）~式(3-24）进行两级标准化处理；然后将一级指标的组合权重（表 7-12 的第 2 列）与一级指标各评价对象两级标准化后的评价值对应相乘并求和，得到每个评价对象的评价值，见表 7-19。

表 7-19　灌区生态健康状况评价值

评价对象	灌区生态健康状况	
	评价值	排序
Ⅰ-Ⅱ分级临界值	1	1
Ⅱ-Ⅲ分级临界值	0.7011	2
Ⅲ-Ⅳ分级临界值	0.3336	11
Ⅳ-Ⅴ分级临界值	0	15
2007 年	0.1970	13
2008 年	0.2305	12
2009 年	0.1897	14
2010 年	0.3459	9
2011 年	0.3442	10
2012 年	0.3865	7
2013 年	0.3843	8

续表

评价对象	灌区生态健康状况	
	评价值	排序
2014 年	0.4003	6
2015 年	0.4505	5
2016 年	0.4684	4
2017 年	0.5620	3

3. 模糊模式识别模型法评价结果

参考表 7-1 的指标体系，将系统分解为两层。第一层有 22 个并列单一系统，即 22 个二级指标，灌区生态环境系统、灌区现代化水平系统、灌区农业生产效益系统和灌区可持续发展系统分别有 7 个、5 个、6 个和 4 个指标特征值输入；第二层生态灌区健康状况即为最高层，有灌区生态环境、灌区现代化水平、灌区农业生产效益及灌区可持续发展四个指标输入。在计算贺兰灌区第一层和第二层级别特征值的基础上，确定了四个一级指标和灌区生态健康状况不同年份的级别特征值，见表 7-20。

表 7-20　级别特征值、等级和排序

层次	项目	2007 年	2008 年	2009 年	2010 年	2011 年	2012 年	2013 年	2014 年	2015 年	2016 年	2017 年
灌区生态环境	级别特征值	3.658	3.573	3.623	3.374	3.365	3.255	3.345	3.717	3.381	3.378	3.428
	等级	Ⅳ	Ⅳ	Ⅳ	Ⅲ	Ⅲ	Ⅲ	Ⅲ	Ⅳ	Ⅲ	Ⅲ	Ⅲ
	排序	10	8	9	4	3	1	2	11	6	5	7
灌区现代化水平	级别特征值	4.146	4.095	3.999	3.270	3.082	2.851	2.354	2.149	2.296	2.776	2.070
	等级	Ⅳ	Ⅳ	Ⅳ	Ⅲ	Ⅲ	Ⅲ	Ⅱ	Ⅱ	Ⅱ	Ⅲ	Ⅱ
	排序	11	10	9	8	7	6	4	2	3	5	1
灌区农业生产效益	级别特征值	3.223	3.259	3.116	2.910	2.813	2.816	2.884	2.874	2.685	2.240	2.511
	等级	Ⅲ	Ⅲ	Ⅲ	Ⅲ	Ⅲ	Ⅲ	Ⅲ	Ⅲ	Ⅲ	Ⅱ	Ⅲ
	排序	10	11	9	8	4	5	7	6	3	1	2
灌区可持续发展	级别特征值	2.869	2.880	2.877	2.892	2.892	2.890	2.955	2.896	2.879	2.870	2.868
	等级	Ⅲ	Ⅲ	Ⅲ	Ⅲ	Ⅲ	Ⅲ	Ⅲ	Ⅲ	Ⅲ	Ⅲ	Ⅲ
	排序	2	6	4	8	9	7	11	10	5	3	1

续表

层次	项目	2007 年	2008 年	2009 年	2010 年	2011 年	2012 年	2013 年	2014 年	2015 年	2016 年	2017 年
灌区生态健康状况	级别特征值	3. 384	3. 368	3. 340	3. 122	3. 060	2. 985	2. 996	2. 978	2. 931	2. 916	2. 860
	等级	Ⅲ	Ⅲ	Ⅲ	Ⅲ	Ⅲ	Ⅲ	Ⅲ	Ⅲ	Ⅲ	Ⅲ	Ⅲ
	排序	11	10	9	8	7	5	6	4	3	2	1

结果表明：当级别特征值 $H<1.5$ 时为Ⅰ级，即很健康；$1.5\leqslant H<2.5$ 时为Ⅱ级，即健康；$2.5\leqslant H<3.5$ 时为Ⅲ级，即亚健康；$3.5\leqslant H<4.5$ 时为Ⅳ级，即不健康；$H\geqslant 4.5$ 时为Ⅴ级，即病态。第一、二层所隶属等级及对应排序列入表 7-20。

4. 可变模糊评价法计算结果

同模糊模式识别模型法，采用可变模糊评价法，在权重（表 7-12）确定的基础上采用 MATLAB 编程求出四个一级指标和灌区生态健康状况不同年份的级别特征值，见表 7-21。

结果表明：当级别特征值 $H<1.5$ 时为Ⅰ级，即很健康；$1.5\leqslant H<2.5$ 时为Ⅱ级，即健康；$2.5\leqslant H<3.5$ 时为Ⅲ级，即亚健康；$3.5\leqslant H<4.5$ 时为Ⅳ级，即不健康；$H\geqslant 4.5$ 时为Ⅴ级，即病态。第一、二层所隶属等级及对应排序列入表 7-21。

表 7-21　级别特征值

层次	项目	2007 年	2008 年	2009 年	2010 年	2011 年	2012 年	2013 年	2014 年	2015 年	2016 年	2017 年
灌区生态环境	级别特征值	4. 134	4. 107	4. 197	3. 986	3. 079	3. 037	3. 140	3. 203	3. 053	3. 148	3. 1118
	等级	Ⅳ	Ⅳ	Ⅳ	Ⅳ	Ⅲ	Ⅲ	Ⅲ	Ⅲ	Ⅲ	Ⅲ	Ⅲ
	排序	10	9	11	8	3	1	5	7	2	6	4
灌区现代化水平	级别特征值	4. 185	4. 102	3. 924	3. 271	3. 159	2. 916	2. 644	2. 360	2. 451	2. 744	2. 3382
	等级	Ⅳ	Ⅳ	Ⅳ	Ⅲ	Ⅲ	Ⅲ	Ⅲ	Ⅱ	Ⅱ	Ⅲ	Ⅱ
	排序	11	10	9	8	7	6	4	2	3	5	1
灌区农业生产效益	级别特征值	3. 243	3. 222	3. 194	2. 927	2. 851	2. 808	2. 874	2. 835	2. 727	2. 447	2. 837
	等级	Ⅲ	Ⅲ	Ⅲ	Ⅲ	Ⅲ	Ⅲ	Ⅲ	Ⅲ	Ⅲ	Ⅱ	Ⅲ
	排序	11	10	9	8	6	3	7	4	2	1	5

续表

层次	项目	2007 年	2008 年	2009 年	2010 年	2011 年	2012 年	2013 年	2014 年	2015 年	2016 年	2017 年
灌区可持续发展	级别特征值	3.167	3.200	3.193	3.141	3.227	3.223	3.227	3.214	3.182	3.154	3.143
	等级	Ⅲ	Ⅲ	Ⅲ	Ⅲ	Ⅲ	Ⅲ	Ⅲ	Ⅲ	Ⅲ	Ⅲ	Ⅲ
	排序	4	7	6	1	10	9	11	8	5	3	2
灌区生态健康状况	级别特征值	3.371	3.263	3.270	3.125	3.136	3.111	3.139	3.128	3.069	3.076	3.093
	等级	Ⅲ	Ⅲ	Ⅲ	Ⅲ	Ⅲ	Ⅲ	Ⅲ	Ⅲ	Ⅲ	Ⅲ	Ⅲ
	排序	11	9	10	5	7	4	8	6	1	2	3

5. 单一评价方法对比分析

不同评价方法对于灌区生态环境、灌区现代化水平、灌区农业生产效益和灌区可持续发展及总的灌区生态健康状况的评价结果排序情况见图 7-2 ~ 图 7-6。

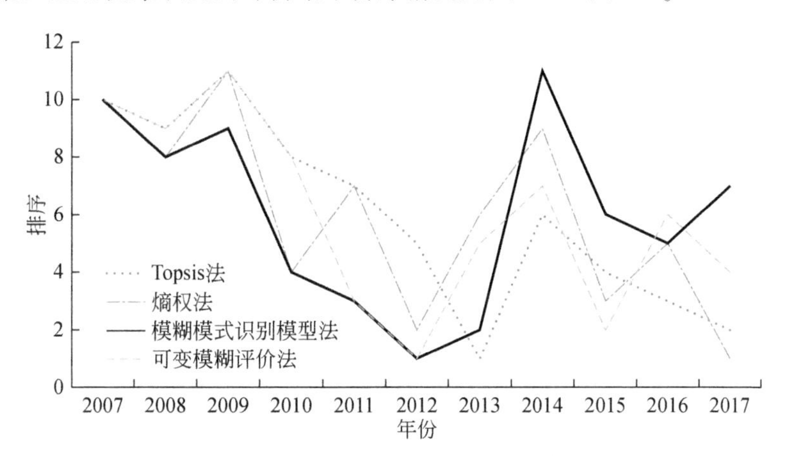

图 7-2　灌区生态环境的 4 种评价方法排序变化曲线

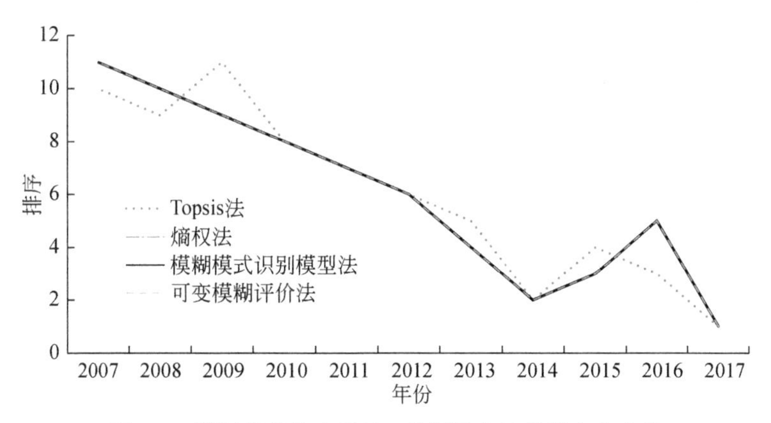

图 7-3　灌区现代化水平的 4 种评价方法排序变化曲线

后 3 种方法排序一致，在图中重合

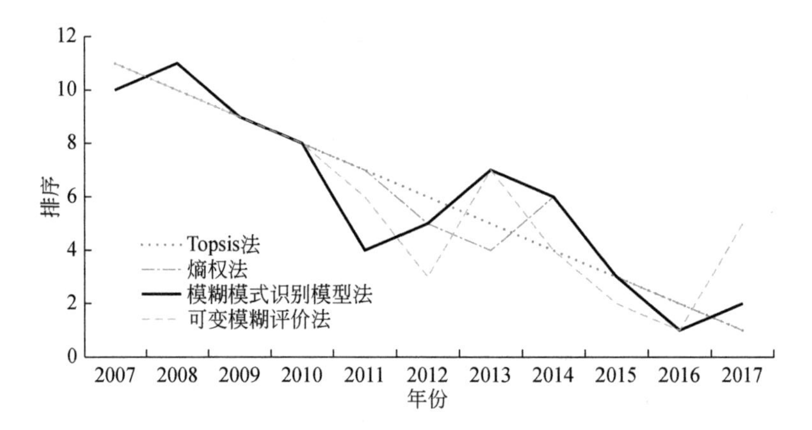

图 7-4　灌区农业生产效益的 4 种评价方法排序变化曲线

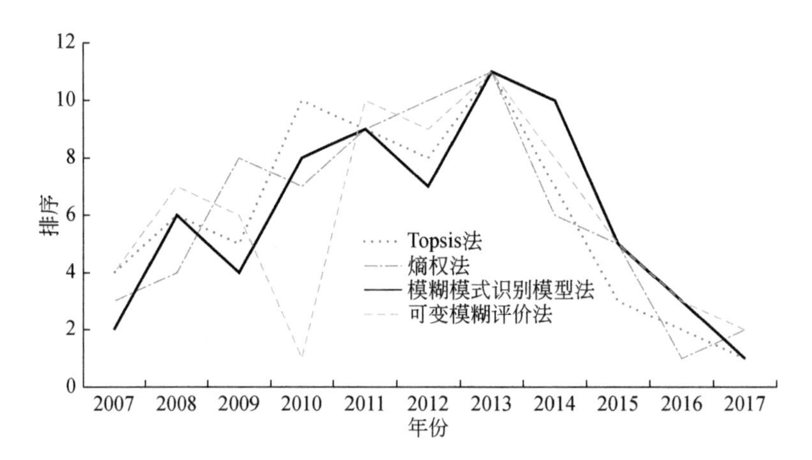

图 7-5　灌区可持续发展的 4 种评价方法排序变化曲线

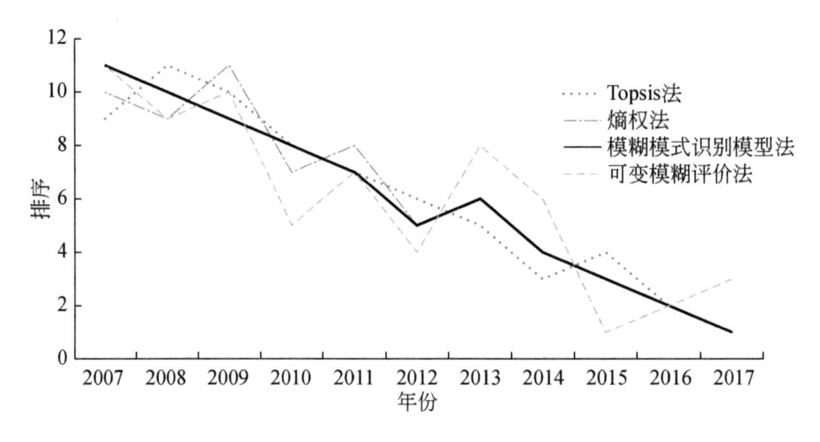

图 7-6　灌区生态健康状况的 4 种评价方法排序变化曲线

从图 7-2 ~ 图 7-6 可以看出，4 种评价方法排序曲线的变化趋势基本相同、排序数值相差较小，但 4 种评价方法评价结果的差异性依然存在。由于 4 种单一评价方法排序的差异性，我们难以对客观现实做出准确判断，从而对于生态灌区的综合评价产生很大的模糊性。多种评价方法非一致性问题普遍存在，同时仅采用一种方法进行评价也具有一定的片面性。

7.1.4 组合评价结果

由于单一方法存在评价机理、权重确定方面难以统一的现实，目前无法很好地确定各种评价方法优劣。为避免仅采用一种方法的片面性，采取组合评价方法对每种单一评价结果进行组合，通过组合评价将同种性质的评价方法组合在一起，让各种单一评价方法实现优势互补，并利用更多的信息。

1. 排序结果的一致性检验

灌区生态环境、灌区现代化水平、灌区农业生产效益、灌区可持续发展及灌区生态健康状况的 4 种评价方法的排序及 r_i 见表 7-22 ~ 表 7-26。评价对象个数 $n=15$，评价方法 $m=4$，代入式（3-51）和式（3-52）分别计算得到灌区生态环境、灌区现代化水平、灌区农业生产效益、灌区可持续发展和灌区生态健康状况的统计量 χ^2 为 47.5、54.65、53.53、46.4 和 53.4。取显著性水平 $\alpha=0.05$，查得临界值 χ^2（14）= 23.68，由于四个一级指标及灌区生态健康状况的统计量 $\chi^2>\chi^2$（14），所以在显著性水平 $\alpha=0.05$ 下，该 4 种评价方法评价结果具有一致性，可进行组合评价。

表 7-22 灌区生态环境的 4 种评价方法的排序及 r_i 值

评价对象	Topsis 法	熵权法	模糊模式识别模型法	可变模糊评价法	r_i
Ⅰ-Ⅱ分级临界值	1	1	1	1	4
Ⅱ-Ⅲ分级临界值	2	2	2	2	8
Ⅲ-Ⅳ分级临界值	6	4	10	10	30
Ⅳ-Ⅴ分级临界值	15	15	15	15	60
2007 年	13	13	13	13	52
2008 年	12	11	11	12	46
2009 年	14	14	12	14	54
2010 年	11	7	6	11	35
2011 年	10	10	5	5	30
2012 年	8	5	3	3	19

续表

评价对象	Topsis 法	熵权法	模糊模式识别模型法	可变模糊评价法	r_i
2013 年	3	9	4	7	23
2014 年	9	12	14	9	44
2015 年	7	6	8	4	25
2016 年	5	8	7	8	28
2017 年	4	3	9	6	22

表 7-23　灌区现代化水平的 4 种评价方法的排序及 r_i 值

评价对象	Topsis 法	熵权法	模糊模式识别模型法	可变模糊评价法	r_i
Ⅰ-Ⅱ分级临界值	1	1	1	1	4
Ⅱ-Ⅲ分级临界值	7	4	6	5	22
Ⅲ-Ⅳ分级临界值	14	11	11	11	47
Ⅳ-Ⅴ分级临界值	15	15	15	15	60
2007 年	12	14	14	14	54
2008 年	11	13	13	13	50
2009 年	13	12	12	12	49
2010 年	10	10	10	10	40
2011 年	9	9	9	9	36
2012 年	8	8	8	8	32
2013 年	6	6	5	6	23
2014 年	3	3	3	3	12
2015 年	5	5	4	4	18
2016 年	4	7	7	7	25
2017 年	2	2	2	2	8

表 7-24　灌区农业生产效益的 4 种评价方法的排序及 r_i 值

评价对象	Topsis 法	熵权法	模糊模式识别模型法	可变模糊评价法	r_i
Ⅰ-Ⅱ分级临界值	2	1	1	1	5
Ⅱ-Ⅲ分级临界值	5	4	3	3	15
Ⅲ-Ⅳ分级临界值	14	14	14	14	56
Ⅳ-Ⅴ分级临界值	15	15	15	15	60
2007 年	13	13	12	13	51

续表

评价对象	Topsis 法	熵权法	模糊模式识别模型法	可变模糊评价法	r_i
2008 年	12	12	13	12	49
2009 年	11	11	11	11	44
2010 年	10	10	10	10	40
2011 年	9	9	6	8	32
2012 年	8	7	7	5	27
2013 年	7	6	9	9	31
2014 年	6	8	8	6	28
2015 年	4	5	5	4	18
2016 年	3	3	2	2	10
2017 年	1	2	4	7	14

表 7-25　灌区可持续发展的 4 种评价方法的排序及 r_i 值

评价对象	Topsis 法	熵权法	模糊模式识别模型法	可变模糊评价法	r_i
Ⅰ-Ⅱ分级临界值	1	1	1	1	4
Ⅱ-Ⅲ分级临界值	2	2	2	2	8
Ⅲ-Ⅳ分级临界值	3	6	14	14	37
Ⅳ-Ⅴ分级临界值	14	15	15	15	59
2007 年	7	5	4	6	22
2008 年	9	7	8	9	33
2009 年	8	11	6	8	33
2010 年	13	10	10	3	36
2011 年	12	12	11	12	47
2012 年	11	13	9	11	44
2013 年	15	14	13	13	55
2014 年	10	9	12	10	41
2015 年	6	8	7	7	28
2016 年	5	3	5	5	18
2017 年	4	4	3	4	15

表 7-26　灌区生态健康状况的 4 种评价方法的排序及 r_i 值

评价对象	Topsis 法	熵权法	模糊模式识别模型法	可变模糊评价法	r_i
Ⅰ-Ⅱ分级临界值	1	1	1	1	4
Ⅱ-Ⅲ分级临界值	2	2	2	2	8
Ⅲ-Ⅳ分级临界值	10	11	14	14	49
Ⅳ-Ⅴ分级临界值	15	15	15	15	60
2007 年	12	13	13	13	51
2008 年	14	12	12	11	49
2009 年	13	14	11	12	50
2010 年	11	9	10	7	37
2011 年	9	10	9	9	37
2012 年	8	7	7	6	28
2013 年	7	8	8	10	33
2014 年	5	6	6	8	25
2015 年	6	5	5	3	19
2016 年	4	4	4	4	16
2017 年	3	3	3	5	14

2. 拉开档次组合评价模型确定评价方法权重

根据式（3-54）和式（3-55）对灌区生态环境等 4 个一级指标的 4 种评价方法的评价值矩阵 $\boldsymbol{PJ}$ 进行标准化处理，得到矩阵 $\boldsymbol{PJ}^*$，并利用式（3-56）求解实对称矩阵 $\boldsymbol{H}$；然后，求出 $\boldsymbol{H}$ 的最大特征值为 9.055，相应的标准特征向量 $\boldsymbol{\lambda}'=(0.3431, 0.4871, 0.5576, 0.578)$，并由式（3-57）和式（3-58）求出 4 种评价方法的组合权重为 $\lambda=(0.1745, 0.2478, 0.2837, 0.2940)$；最后，利用式（3-59）分别计算得出灌区生态环境、灌区现代化水平、灌区农业生产效益、灌区可持续发展及灌区生态健康状况的组合评价值，并进行排序，评价结果如表 7-27 所示。

表 7-27　四个一级指标及灌区生态健康状况的组合评价结果

评价对象	灌区生态环境		灌区现代化水平		灌区农业生产效益		灌区可持续发展		灌区生态健康状况	
	评级值	排序	评级值	排序	评级值	排序	评级值	排序	评级值	排序
Ⅰ-Ⅱ分级临界值	1	1	1	1	0.960	1	1	1	1	1
Ⅱ-Ⅲ分级临界值	0.626	2	0.631	5	0.666	4	0.654	2	0.637	2
Ⅲ-Ⅳ分级临界值	0.299	9	0.280	11	0.312	14	0.319	14	0.297	12
Ⅳ-Ⅴ分级临界值	0	15	0	15	0	15	0.002	15	0	15

续表

评价对象	灌区生态环境		灌区现代化水平		灌区农业生产效益		灌区可持续发展		灌区生态健康状况	
	评级值	排序	评级值	排序	评级值	排序	评级值	排序	评级值	排序
2007年	0.145	13	0.126	14	0.364	13	0.409	5	0.281	14
2008年	0.178	12	0.146	13	0.370	12	0.396	7	0.300	11
2009年	0.126	14	0.179	12	0.419	11	0.381	9	0.292	13
2010年	0.237	11	0.367	10	0.503	10	0.382	8	0.370	10
2011年	0.314	8	0.434	9	0.542	9	0.369	11	0.379	9
2012年	0.355	3	0.511	8	0.561	7	0.362	12	0.405	8
2013年	0.325	6	0.629	6	0.562	6	0.348	13	0.407	7
2014年	0.257	10	0.739	3	0.560	8	0.380	10	0.416	6
2015年	0.340	5	0.666	4	0.622	5	0.396	6	0.437	5
2016年	0.322	7	0.583	7	0.771	3	0.428	3	0.449	4
2017年	0.348	4	0.762	2	0.783	2	0.419	4	0.485	3

3. 组合评价的Spearman事后一致性检验

根据式（3-60）计算四个一级指标及灌区生态健康状况组合评价结果与4种评价方法的Spearman等级相关系数及平均值，并根据式（3-61）计算检验统计量 t，结果见表7-28。

表7-28 相关系数表

评价对象	相关系数				平均值	t
	Topsis法	熵权法	模糊模式识别模型法	可变模糊评价法		
灌区生态环境	0.9000	0.8821	0.8321	0.9679	0.8955	7.2561
灌区现代化水平	0.9429	0.9964	0.9964	1.0000	0.9839	19.8676
灌区农业生产效益	0.9821	1.0000	0.9536	0.9179	0.9634	12.9565
灌区可持续发展	0.7036	0.8571	0.9393	0.9321	0.8580	6.0237
灌区生态健康状况	0.9643	0.9857	0.9786	0.9286	0.9643	13.1267

取显著性水平 $\alpha=0.01$ 时，查 t 分布表，得出 $t_{0.01}15=2.602$。由表7-28可知，四个一级指标及灌区生态健康状况的检验统计量 t 均大于 $t_{0.01}15$，表明组合评价方法对贺兰灌区生态健康评价结果具有较高的可信度。由表7-27绘制组合评价值和排序变化曲线图，见图7-7和图7-8。

根据分级临界值的评价值，得到级别阈值和2007～2017年灌区生态健康等级，详见

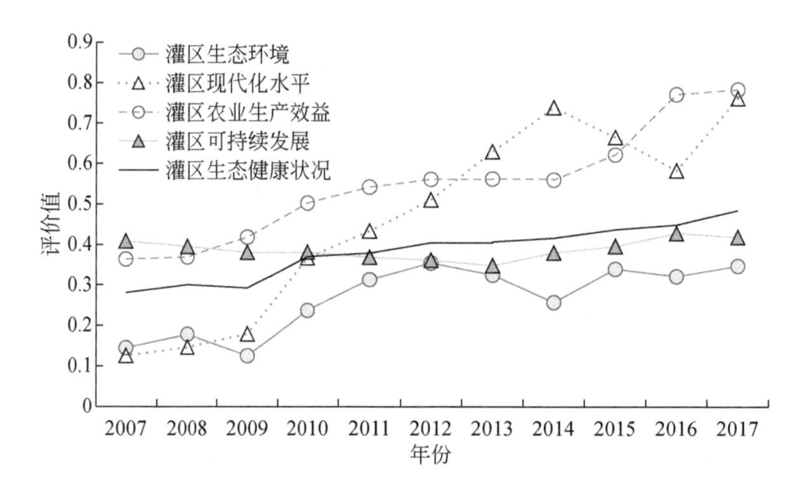

图 7-7　组合评价值变化曲线

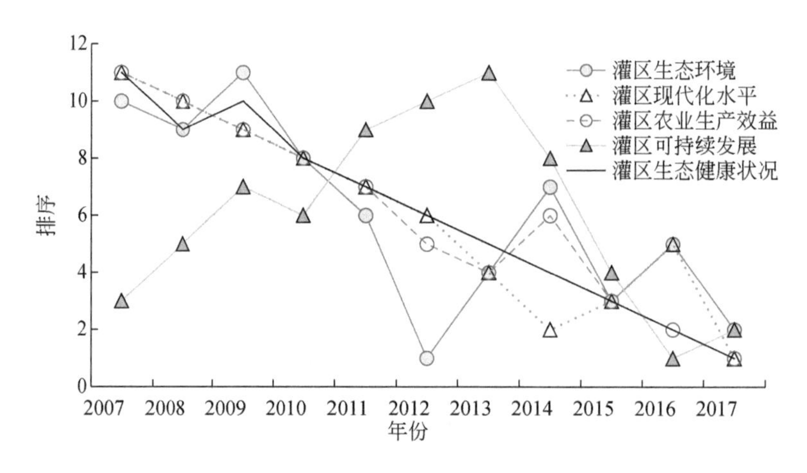

图 7-8　组合评价排序变化曲线

表 7-29 和表 7-30。

表 7-29　灌区生态健康等级分级阈值

评价对象	阈值				
	Ⅰ-很健康	Ⅱ-健康	Ⅲ-亚健康	Ⅳ-不健康	Ⅴ-病态
灌区生态环境	>1	0.626～1	0.299～0.626	0～0.299	<0
灌区现代化水平	>1	0.631～1	0.280～0.631	0～0.280	<0
灌区农业生产效益	>0.960	0.666～0.960	0.312～0.666	0～0.312	<0
灌区可持续发展	>1	0.654～1	0.319～0.654	0.002～0.319	<0.002
灌区生态健康状况	>1	0.637～1	0.297～0.637	0～0.297	<0

表 7-30　健康等级

评价对象	2007 年	2008 年	2009 年	2010 年	2011 年	2012 年	2013 年	2014 年	2015 年	2016 年	2017 年
灌区生态环境	Ⅳ	Ⅳ	Ⅳ	Ⅳ	Ⅲ	Ⅲ	Ⅲ	Ⅲ	Ⅲ	Ⅲ	Ⅲ
灌区现代化水平	Ⅳ	Ⅳ	Ⅳ	Ⅲ	Ⅲ	Ⅲ	Ⅲ	Ⅱ	Ⅱ	Ⅲ	Ⅱ
灌区农业生产效益	Ⅲ	Ⅲ	Ⅲ	Ⅲ	Ⅲ	Ⅲ	Ⅲ	Ⅲ	Ⅲ	Ⅱ	Ⅱ
灌区可持续发展	Ⅲ	Ⅲ	Ⅲ	Ⅲ	Ⅲ	Ⅲ	Ⅲ	Ⅲ	Ⅲ	Ⅲ	Ⅲ
灌区生态健康状况	Ⅳ	Ⅲ	Ⅳ	Ⅲ	Ⅲ	Ⅲ	Ⅲ	Ⅲ	Ⅲ	Ⅲ	Ⅲ

由表 7-28 ~ 表 7-30 和图 7-7 ~ 图 7-8 可以看出：

（1）灌区生态环境。对应的组合评价值曲线总体呈现上升趋势，上升段包括 2007 ~ 2008 年、2009 ~ 2012 年、2014 ~ 2015 年、2016 ~ 2017 年，下降段包括 2008 ~ 2009 年、2012 ~ 2014 年、2015 ~ 2016 年。就排序而言，2007 ~ 2017 年排序曲线总体呈现减小趋势，在 2009 年、2014 年、2016 年有小幅度上升，2012 年排名第 1，生态环境健康程度最高，2009 年排名第 11，生态环境健康程度最低。从评价等级来看，2007 ~ 2010 年为Ⅳ级，即不健康，2011 ~ 2017 年为Ⅲ级，即亚健康。综上，历年灌区生态环境的健康程度呈现变优趋势。

（2）灌区现代化水平。对应组合评价值曲线总体呈现增大趋势，2007 ~ 2014 年大幅度上升，2014 ~ 2016 年小幅度下降，2016 ~ 2017 年上升。就排序而言，排序曲线总体呈下降趋势，2015 年、2016 年小幅度上升，2017 年排名第 1，灌区现代化水平最高，2007 年排名第 11，灌区现代化水平最低。从评价等级来看，2007 ~ 2009 年为Ⅳ级，2010 ~ 2013 年、2016 年为Ⅲ级，2014 ~ 2015 年和 2017 为Ⅱ级。综上，历年灌区现代化水平的健康程度呈现变优趋势。

（3）灌区农业生产效益。对应的组合评价值曲线总体呈现上升趋势，2014 年小幅度下降。就排序而言，曲线总体呈下降趋势，在 2014 年有小幅度升高，2017 年排名第 1，农业生产效益最好，2007 年排名第 11，灌区农业生产效益最差。从评价等级来看，2007 ~ 2015 年为Ⅲ级，2016 ~ 2017 年为Ⅱ级。综上，历年灌区农业生产效益的健康程度呈现逐渐变优的趋势。

（4）灌区可持续发展。对应的组合评价值曲线总体呈现平稳的先下降后上升趋势，下降段为 2007 ~ 2009 年、2010 ~ 2013 年、2016 ~ 2017 年，上升段为 2009 ~ 2010 年、2013 ~ 2016 年。就排序而言，曲线总体呈先上升后下降趋势，2016 年排名第 1，灌区发展较为协调，2013 年排名第 11，灌区发展不可持续。从健康等级来看，2007 ~ 2017 年均为Ⅲ级，没有变化。综上，历年灌区可持续发展较为稳定。

（5）灌区生态健康状况。对应的组合评价值曲线总体呈现平稳上升趋势，2009 年有小幅度下降。就排序而言，曲线总体呈下降趋势，2017 年排名第 1，灌区生态健康程度最高，2007 年排名第 11，灌区生态健康程度最低。从健康等级来看，2007 年、2009 年为Ⅳ

级，2008 年、2010～2017 年为Ⅲ级。综上，历年灌区生态健康状况呈现逐渐变优的趋势。

与 4 种单一评价方法两级标准化后的评价值相比，组合评价方法得出的评价值均在 4 种单一评价法之间（图 7-9～图 7-13），表明组合评价法的评价结果较为合理。

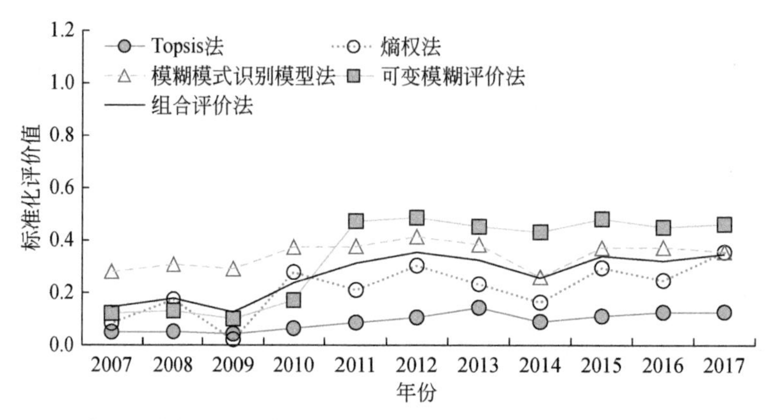

图 7-9　单一评价方法和组合评价方法的灌区生态环境标准化评价值变化曲线

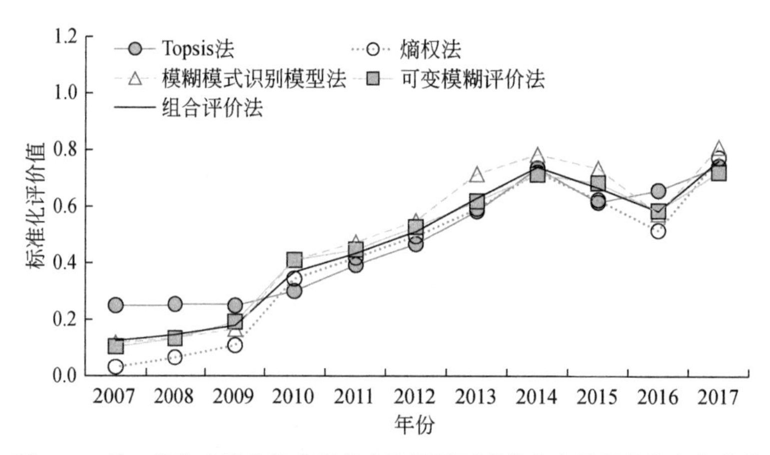

图 7-10　单一评价方法和组合评价方法的灌区现代化水平评价值变化曲线

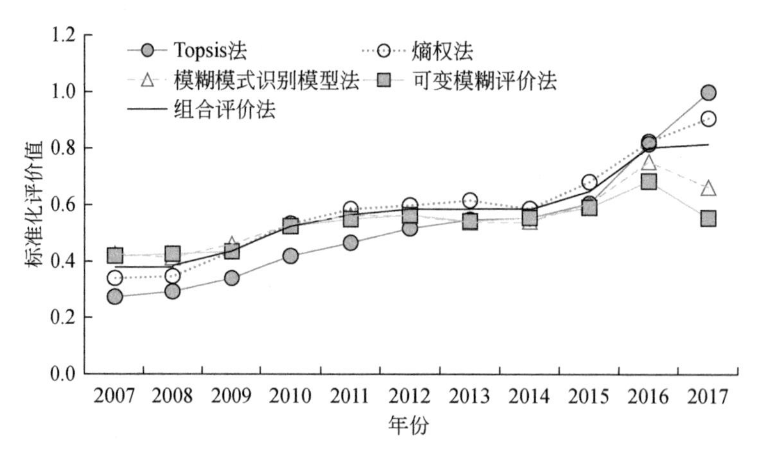

图 7-11　单一评价方法和组合评价方法的灌区农业生产效益评价值变化曲线

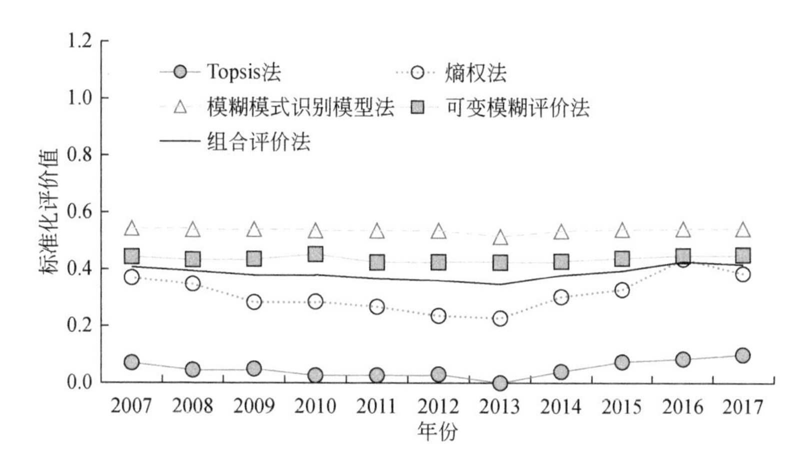

图 7-12　单一评价方法和组合评价方法的灌区可持续发展标准化评价值变化曲线

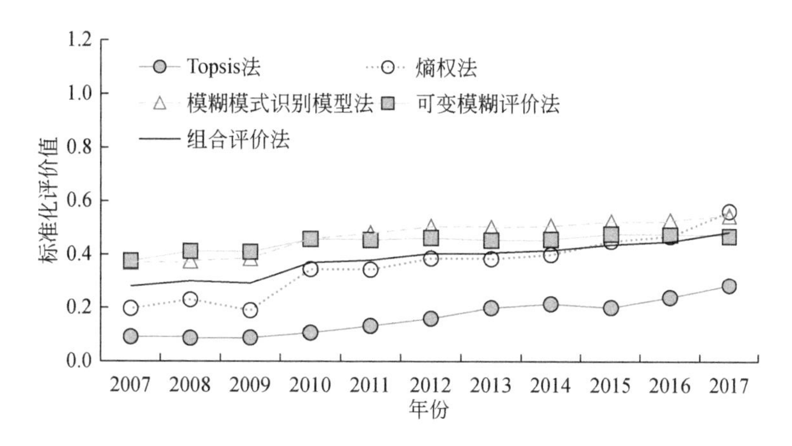

图 7-13　单一评价方法和组合评价方法的灌区生态健康状况评价值变化曲线

7.1.5　评价指标的敏感性分析

敏感性分析（sensitivity analysis），就是假设模型表示为 $y=f(x_1, x_2, \cdots, x_n)$（$x_i$ 为模型的第 i 个属性值），令每个属性在可能的取值范围内变动，研究和预测这些属性的变动对模型输出值的影响程度。将影响程度的大小称为该属性的敏感性系数。敏感性系数越大，说明该属性对模型输出的影响越大。敏感性分析的核心目的就是通过对模型的属性进行分析，得到各属性敏感性系数的大小，在实际应用中根据经验去掉敏感性系数很小的属性，重点考虑敏感性系数较大的属性。这样就可以大大降低模型的复杂度，减少数据分析处理的工作量，在很大程度上提高模型的精度，同时研究人员可利用各属性敏感性系数的排序结果，解决相应的问题。简而言之，敏感性分析就是一种定量描述模型输入变量对输出变量的重要性程度的方法。本研究采用灰色关联度分析评价指标的敏感性。

1. 基于灰色关联度的评价指标敏感性分析方法

邓聚龙提出灰色关联度分析理论，对于系统中的两个序列，关联度是指其因素随时间或次序而产生变化的关联性大小的量度。在系统发展过程中，若两个序列因素变化的趋势具有一致性，即同步变化程度较高，则二者的关联性较强，关联度较高；反之，则关联性较差，关联度较低。

因此，灰色关联度分析理论通过灰色关联度顺序来描述因素间关系的强弱、大小和次序，依据因素的数据列，用数学方法研究因素间的几何对应关系，根据因素之间发展趋势的相似或相异程度，即“灰色关联度”，作为衡量因素间的关联程度。灰色关联度分析是一种动态指标的量化分析方法，可以在不完全的信息中，通过分析比较各指标间发展趋势的相似程度来衡量各指标间的关联程度。目前，灰色关联度分析已被广泛用于农业、工业、经济、管理等学科，并取得了显著成效。

灰色关联度分析的基本步骤如下所示。

（1）确定待分析序列。将待分析的因变量构成参考序列，自变量构成比较序列，二者合称为变量序列。

（2）变量序列无量纲化。通过均值化、初值化、区间化、归一化等方法将有量纲的序列和转化为无量纲的序列和，便于统计计算和分析比较。

（3）求差序列、最大差和最小差。$x_0(k)'$和$x_i(k)'$对应k点（$k=1, 2, \cdots, N$；为观察时刻或观察对象数）之差值的绝对值构成差序列。多元序列统计分析时找序列内、序列间两级最大差和最小差。

差序列　$\Delta_{0i}(k)=|x_0(k)'-x_i(k)'|$

两级最大差　$\max\limits_{ik}|x_0(k)'-x_i(k)'|$

两级最小差　$\min\limits_{ik}|x_0(k)'-x_i(k)'|$

多元成组序列统计分析时增加成组单位一个层次，为三级差。

差序列　$\Delta_{0ij}(k)=|x_{0j}(k)'-x_{ij}(k)'|$

两级最大差　$\max\limits_{ijk}|x_{0j}(k)'-x_{ij}(k)'|$

两级最小差　$\min\limits_{ijk}|x_{0j}(k)'-x_{ij}(k)'|$

（4）求灰色关联系数。多元单序列统计分析时公式为

$$\xi_{0i}(k)=\frac{\min\limits_{ik}|x_0(k)-x_i(k)|+\xi\max\limits_{ik}|x_0(k)-x_i(k)|}{\Delta_{0i}(k)+\xi\max\limits_{ik}|x_0(k)-x_i(k)|} \tag{7-1}$$

多元成组序列统计分析时公式为

$$\xi_{0ij}(k)=\frac{\min\limits_{ijk}|x_{0j}(k)-x_{ij}(k)|+\xi\max\limits_{ijk}|x_{0j}(k)-x_i(k)|}{\Delta_{0ij}(k)+\xi\max\limits_{ijk}|x_{0j}(k)-x_{ij}(k)|} \tag{7-2}$$

式中，ξ 为分辨系数，$1>\xi>0$，ξ 根据不同的背景要求取值。

（5）求灰色关联度 γ_{0i}。

多元单序列统计分析公式为

$$\gamma_{0i} = \frac{1}{N}\sum_{k=1}^{N} \xi_{0i}(k) \tag{7-3}$$

多元成组序列统计分析公式为

$$\gamma_{0i} = \frac{1}{N \cdot J}\sum_{k=1}^{N \cdot J} \xi_{0ij}(k)(j \in J, J = m) \tag{7-4}$$

（6）依据 γ_{0i}的大小排列灰色关联序列。

2. 贺兰灌区生态健康评价指标敏感性分析

为确定贺兰生态灌区评价结果的主要影响因素，依据本章节建立的指标体系，将 22 个二级指标作为系统要素集，应用邓聚龙提出的多元单序列统计分析公式，计算贺兰灌区的组合评价值与二级指标的灰色关联度，贺兰灌区生态健康状况的组合评价值如表 7-27 所示，贺兰灌区 22 个二级指标的数据如表 7-2 所示。

首先对贺兰灌区的灌区生态环境的组合评价值与其对应的指标值进行无量纲化处理，本书采用两级标准化法处理；然后，将灌区生态环境标准化的组合评价值作为因变量，将标准化后的 7 个评价指标值作为自变量，构成参考序列 $X_0 = \{x_{0(1)}, x_{0(2)}, \cdots, x_{0(10)}\}$，比较序列为 $X_i = \{x_{i(1)}, x_{i(2)}, \cdots, x_{i(10)}\}$（$i=1, 2, \cdots, 7$），通过式（3-27）计算参考序列 X_0与对应比较序列 X_i的灰色关联系数，工程应用中 ξ 一般取 0.5。最后，进行多元单序列统计分析，通过式（7-3）和式（7-4）计算得到灰色关联度 γ_i，结果如表 7-31 所示。同理，计算灌区现代化水平、灌区农业生产效益、灌区可持续发展及灌区生态健康状况的灰色关联度，见表 7-31 和表 7-32。

表 7-31　四个一级指标的灰色关联度

一级指标	二级指标	灰色关联度
灌区生态环境	森林覆盖率	0.7213
	干旱指数	0.6105
	地下水埋深	0.8647
	水域面积率	0.5550
	地下水矿化度	0.8147
	地表水氨氮浓度	0.7107
	土壤含盐量	0.9160

续表

一级指标	二级指标	灰色关联度
灌区现代化水平	渠系衬砌率	0.9339
	有效灌溉面积比例	0.6128
	高效节水灌溉面积比例	0.9129
	农业机械总动力	0.7999
	灌区的信息化程度	0.8438
灌区农业生产效益	农业单方水产值	0.8951
	粮食作物单产	0.7804
	亩均灌溉用水量	0.8575
	农田灌溉水有效利用系数	0.8359
	水分生产率	0.8976
	复种指数	0.4768
灌区可持续发展	水资源开发利用率	0.8000
	农药施用强度	0.8265
	化肥施用强度	0.7426
	水土资源匹配度	0.7152

表 7-32　灌区生态健康状况的灰色关联度

目标层	二级指标	灰色关联度
灌区生态健康状况	森林覆盖率	0.7800
	干旱指数	0.6135
	地下水埋深	0.8837
	水域面积率	0.5578
	地下水矿化度	0.7914
	地表水氨氮浓度	0.6919
	土壤含盐量	0.9329
	渠系衬砌率	0.9374
	有效灌溉面积比例	0.6540
	高效节水灌溉面积比例	0.8834
	农业机械总动力	0.8297
	灌区的信息化程度	0.8833
	农业单方水产值	0.9062
	粮食作物单产	0.9037

续表

目标层	二级指标	灰色关联度
灌区生态健康状况	亩均灌溉用水量	0.9228
	农田灌溉水有效利用系数	0.8706
	水分生产率	0.8827
	复种指数	0.6311
	水资源开发利用率	0.8400
	农药施用强度	0.7069
	化肥施用强度	0.7270
	水土资源匹配度	0.7076

根据灰色关联度分析法原理，关联度越大同步变化程度越高，指标对灌区生态健康的影响越大，灰色关联度 $\gamma_i<0.6$ 时关联性差，$0.6\leqslant\gamma_i<0.7$ 时关联性一般，$0.7\leqslant\gamma_i<0.8$ 时关联性较好，$\gamma_i\geqslant0.8$ 时关联性很好。

在灌区生态环境中，灰色关联度大于 0.8 的指标按照由大到小的顺序进行排序，依次为土壤含盐量>地下水埋深>地下水矿化度。

在灌区现代化水平中，灰色关联度大于 0.8 的指标按照由大到小的顺序进行排序，依次为渠系衬砌率>高效节水灌溉面积比例>灌区的信息化程度。

在灌区农业生产效益中，灰色关联度大于 0.8 的指标按照由大到小的顺序进行排序，依次为水分生产率>农业单方水产值>亩均灌溉用水量>农田灌溉水有效利用系数。

在灌区可持续发展中，灰色关联度大于 0.8 的指标按照由大到小的顺序进行排序，依次为农药施用强度>水资源开发利用率。

在灌区生态健康状况中，灰色关联度大于 0.8 的指标按照由大到小的顺序进行排序，依次为渠系衬砌率>土壤含盐量>亩均灌溉用水量>农业单方水产值>粮食作物单产>地下水埋深>高效节水灌溉面积比例>灌区的信息化程度>水分生产率>农田灌溉水有效利用系数>水资源开发利用率>农业机械总动力。

综合可见，对于四个一级指标及灌区生态健康状况，渠系衬砌率、土壤含盐量、高效节水灌溉面积比例、水分生产率、农业单方水产值、地下水埋深、亩均灌溉用水量、灌区的信息化程度、农田灌溉水有效利用系数、水资源开发利用率的灰色关联度均大于 0.8。说明要有效改善贺兰灌区生态健康状况，应着重改善上述指标。考虑到水分生产率、农业单方水产值、亩均灌溉用水量以及农田灌溉水有效利用系数在很大程度上与渠系衬砌、高校节水灌溉面积等直接相关，重视工程设施建设、维护和管理水平应为第一位。

7.2 不同配置方案下贺兰县生态灌区健康评价

7.2.1 农业节水情景设置

为进一步指明灌区生态健康发展的方法，以下针对 6.4.1 节设置了 10 个单一情景（表 7-33），进行相应水土资源优化配置情景下的灌区健康发展状况评价。

表 7-33 节水情景设置

方案	节水措施	具体内容
方案 J0	基准年	基准年水土资源优化配置
方案 S1	种植结构调整	水稻面积的 50% 退减为玉米
方案 S2		水稻面积的 75% 退减为玉米
方案 S3	高效节水灌溉面积发展	扬黄灌区 70%，引黄灌区 30%
方案 S4		扬黄灌区 80%，引黄灌区 35%
方案 S5		扬黄灌区 90%，引黄灌区 40%
方案 S6	渠道衬砌	渠系水利用系数提高至 0.62
方案 S7		渠系水利用系数提高至 0.64
方案 S8		渠系水利用系数提高至 0.66
方案 S9	水稻控灌	考虑水稻控制灌溉

7.2.2 评价指标的预测

以 2017 年现状年为基础，根据各指标性质的差异，根据不同的预测方法（表 7-34），计算得到 10 个情景方案下各指标值（表 7-35）。其中，基准方案是在 2017 年现状基础上进行的水土资源均衡配置。

表 7-34 指标预测方法

二级指标	单位	预测方法	预测模型	决定系数 R^2
森林覆盖率	%	时间序列预测方法	1 阶回归子集 $Y=-0.761+1.117\ 62x_1$	0.89
干旱指数	—	与日照小时数、降水量有关，选择与上述两个变量最为接近的实测年份的干旱指数作为规划年的预测数据	—	—

续表

二级指标	单位	预测方法	预测模型	决定系数 R^2
地下水埋深	m	将不同情景的水资源配置结果，输入到地下水模型，模拟出对应的地下水埋深	—	—
水域面积率	%	通过显著性检验证实，2007～2017 年水域面积率与农业灌溉用水量相关性良好，决定系数 R^2 =0.85，故通过历史数据建立水域面积率与来水量之间的关系，由此预测水域面积率	水域面积率 = 19.905 754 − 5.78 × 10^{-4} × 农业灌溉用水量 + 6.6972 × 10^{-9} × 农业灌溉用水量^2	0.85
地下水矿化度	g/L	通过显著性检验，2007～2017 年地下水矿化度与地下水埋深、农业灌溉用水量、干旱指数的相关性良好，决定系数 R^2 = 0.985，故由此相关关系预测地下水矿化度	地下水矿化度 = 10.954 981 −3.629 034 4 × 地下水埋深 −9.048 × 10^{-5} × 农业灌溉用水量 +0.163 216 × 干旱指数	0.985
地表水氨氮浓度	mg/L	通过显著性检验，2007～2017 年地表水氨氮浓度与农田灌溉用水量相关性良好，通过历史数据建立地表水氨氮浓度与农田灌溉用水量之间的关系，由此预测地表水氨氮浓度	地表水氨氮浓度 = 7.312 4 × 10^{19} × 农业灌溉用水量$^{-3.966\ 75}$	0.72
土壤含盐量	g/kg	通过显著性检验，2007～2017 年土壤含盐量与地下水矿化度、地下水埋深、空气相对湿度、降水量的关系最为密切，故由此相关关系预测土壤含盐量	土壤含盐量 = 0.38251 × 地下水矿化度 −3.49419 × 地下水埋深 +0.08218 × 空气相对湿度 − 0.00238 × 降水量 +5.59784	0.94
渠系衬砌率	%	根据不同的情景方案确定	—	—
有效灌溉面积比例	%	从保持经济效益和农业节水同时兼顾的角度考虑，未来贺兰县不再发展灌溉面积，因此有效灌溉面积比例与现状年相同	—	—
高效节水灌溉面积比例	%	根据不同的节水情景方案确定	—	—
农业机械总动力	万 kW · h	时间序列预测方法	4 阶回归子集 Y = 1479.546 −0.323 06x_1 + 0.821 91x_2 − 22.994 95x_3 −34.636 18x_5	0.6
灌区的信息化程度	—	时间序列预测方法	3 阶回归子集 Y = − 1.060 + 0.660 43x_1 +0.533 51x_2 +0.140 14x_7	0.95
农业单方水产值	元/m^3	根据时间序列预测出 2035 年的农业产值，然后将其与农业灌溉需水量相比得农业单方水产值	农业单方水产值 = 农业产值/农业灌溉需水量	0.98
粮食作物单产	kg/hm^2	时间序列预测方法	3 阶回归子集 Y = 124 34.104+ 0.704 33x_1 −0.828 95x_6 −0.616 49x_7	0.89

续表

二级指标	单位	预测方法	预测模型	决定系数 R^2
亩均灌溉用水量	m^3	根据不同的节水情景方案确定，由预测的农业灌溉需水量与实际灌溉面积的比例计算	—	—
农田灌溉水有效利用系数	—	根据不同的节水情景方案确定	—	—
水分生产率	kg/m^3	根据时间序列预测出 2035 年的作物产量，然后将其与农业灌溉需水量相比得水分生产率	水分生产率=作物产量/农业灌溉需水量	—
复种指数	无	该指标与现状年相同，不变化	—	—
水资源开发利用率	%	通过显著性检验，2007～2017 年水资源开发利用率与降水量相关性良好，决定系数 R^2 = 0.75，故通过历史数据建立水资源开发利用率与降水量之间的关系，由此预测水资源开发利用率	$Y=-53.331x+927.26$	0.75
农药施用强度	kg/hm^2	时间序列预测方法	2 阶回归子集 $Y=-4.573+1.46895x_2+0.47294x_3$	0.6
化肥施用强度	kg/hm^2	时间序列预测方法	2 阶回归子集 $Y=-40.281+1.17381x_5-0.58427x_6$	0.6
水土资源匹配度	—	根据预测的 2035 年农业灌溉需水量和耕地面积，采用 SMIWL_ F 空间错配指数计算而得	$\text{SMIWL\_}F_i=\left(\frac{W_i}{\sum W_i}-\frac{F_i}{\sum F_i}\right)\times 100$ $\sum \text{SMIWL\_}F=\sum \lvert \text{SMIWL\_}F_i \rvert$	—

表 7-35　10 种情景方案的指标值

二级指标	单位	方案 J0	方案 S1	方案 S2	方案 S3	方案 S4	方案 S5	方案 S6	方案 S7	方案 S8	方案 S9
森林覆盖率	%	12.8	37.42	37.42	37.42	37.42	37.42	37.42	37.42	37.42	37.42
干旱指数	—	6.01	5	5	5	5	5	5	5	5	5
地下水埋深	m	2.76	2.74	2.74	2.74	2.76	2.75	2.75	2.75	2.77	2.74
水域面积率	%	7.56	19.09	19.09	19.09	19.09	19.09	19.09	19.09	19.09	19.09
地下水矿化度	g/L	1.55	1.82	1.81	1.83	1.76	1.79	1.78	1.77	1.72	1.82
地表水氨氮浓度	mg/L	9.43	9.43	9.43	9.43	9.43	9.43	9.43	9.43	9.43	9.43
土壤含盐量	g/kg	0.67	0.33	0.32	0.35	0.25	0.29	0.28	0.26	0.19	0.33
渠系衬砌率	%	58.68	58.68	58.68	58.68	58.68	58.68	60	62	64	58.68
有效灌溉面积比例	%	90.79	90.8	90.8	90.8	90.8	90.8	90.8	90.8	90.8	90.8
高效节水灌溉面积比例	%	26.45	27	27	38	44	50	27	27	27	27

续表

二级指标	单位	方案 J0	方案 S1	方案 S2	方案 S3	方案 S4	方案 S5	方案 S6	方案 S7	方案 S8	方案 S9
农业机械总动力	万 kW · h	45.04	54.52	54.52	54.52	54.52	54.52	54.52	54.52	54.52	54.52
灌区的信息化程度	—	2	1	1	1	1	1	1	1	1	1
农业单方水产值	元/m^3	4	6.75	6.75	6.75	6.75	6.75	6.75	6.75	6.75	6.75
粮食作物单产	kg/hm^2	8 485.08	11 167	11 167	11 167	11 167	11 167	11 167	11 167	11 167	11 167
亩均灌溉用水量	m^3	675	675	675	675	675	675	675	675	675	675
农田灌溉水有效利用系数	—	0.51	0.51	0.52	0.507	0.507	0.507	0.52	0.53	0.54	0.52
水分生产率	kg/m^3	1.5	2	2.05	2	2	2	2.1	2.2	2.3	2.1
复种指数	无	1.07	1.069	1.069	1.069	1.069	1.069	1.069	1.069	1.069	1.069
水资源开发利用率	%	13.42	13.42	13.42	13.42	13.42	13.42	13.42	13.42	13.42	13.42
农药施用强度	kg/hm^2	4.47	4.15	4.15	4.15	4.15	4.15	4.15	4.15	4.15	4.15
化肥施用强度	kg/hm^2	1 103.03	1 075.1	1 075.1	1 075.09	1 075.09	1 075.09	1 075.09	1 075.09	1 075.09	1 075.09
水土资源匹配度	—	5.84	5.55	5.29	6.29	6.48	6.66	6.15	6.21	6.27	5.42

7.2.3 农业节水情景的生态健康评价

1. 单一方法评价结果

采用 Topsis 法、熵权法、模糊模式识别模型法、可变模糊评价方法分别计算得出不同方案对应的四个一级指标和灌区生态健康状况的评价值（表 7-36 ~ 表 7-39）。

表 7-36 Topsis 评价结果

方案	灌区生态环境		灌区现代化水平		灌区农业生产效益		灌区可持续发展		灌区生态健康状况	
	评级值	排序	评级值	排序	评级值	排序	评级值	排序	评级值	排序
方案 J0	0.1078	10	0	10	0.0031	10	0.4917	4	0.1058	10
方案 S1	0.6127	8	0.4395	7	0.775	6	0.7869	3	0.5738	9
方案 S2	0.6254	6	0.4395	7	0.8124	5	1	1	0.5841	7
方案 S3	0.5908	9	0.6354	3	0.7726	7	0.3428	8	0.6144	5
方案 S4	0.7551	2	0.7907	2	0.7726	7	0.2816	9	0.7491	1
方案 S5	0.6705	5	0.9098	1	0.7726	7	0.2499	10	0.7119	2

续表

方案	灌区生态环境		灌区现代化水平		灌区农业生产效益		灌区可持续发展		灌区生态健康状况	
	评级值	排序	评级值	排序	评级值	排序	评级值	排序	评级值	排序
方案 S6	0. 6888	4	0. 4406	6	0. 8437	3	0. 4046	5	0. 6093	6
方案 S7	0. 7305	3	0. 4425	5	0. 9189	2	0. 3766	6	0. 6302	4
方案 S8	0. 9278	1	0. 4447	4	1	1	0. 3508	7	0. 6971	3
方案 S9	0. 6127	7	0. 4395	7	0. 8437	3	0. 8901	2	0. 5784	8

表 7-37　熵权法评价结果

方案	灌区生态环境		灌区现代化水平		灌区农业生产效益		灌区可持续发展		灌区生态健康状况	
	评级值	排序	评级值	排序	评级值	排序	评级值	排序	评级值	排序
方案 J0	0. 1132	10	0	10	0. 0063	10	0. 2370	10	0	10
方案 S1	0. 4623	8	0. 6469	7	0. 6200	6	0. 9258	3	0. 8246	5
方案 S2	0. 4681	6	0. 6469	7	0. 6927	5	1. 0000	1	0. 8710	2
方案 S3	0. 4580	9	0. 7266	5	0. 6010	7	0. 7123	7	0. 7660	9
方案 S4	0. 4961	2	0. 7701	3	0. 6010	7	0. 6579	8	0. 7907	7
方案 S5	0. 4811	5	0. 8136	2	0. 6010	7	0. 6062	9	0. 7720	8
方案 S6	0. 4827	4	0. 6932	6	0. 7023	3	0. 7541	4	0. 8160	6
方案 S7	0. 4896	3	0. 7632	4	0. 7846	2	0. 7346	5	0. 8521	4
方案 S8	0. 5177	1	0. 8333	1	0. 8669	1	0. 7179	6	0. 9070	1
方案 S9	0. 4644	7	0. 6469	7	0. 7023	3	0. 9617	2	0. 8576	3

表 7-38　模糊模式识别模型评价结果

方案	灌区生态环境		灌区现代化水平		灌区农业生产效益		灌区可持续发展		灌区生态健康状况	
	评级值	排序	评级值	排序	评级值	排序	评级值	排序	评级值	排序
方案 J0	3. 4279	10	2. 07	10	2. 868	10	2. 8677	10	2. 9294	10
方案 S1	3. 0681	8	1. 9757	7	2. 6846	6	2. 8553	3	2. 7499	6
方案 S2	3. 068	6	1. 9757	7	2. 6478	5	2. 8551	1	2. 7425	5
方案 S3	3. 0682	9	1. 9756	6	2. 6916	7	2. 8557	7	2. 7515	9
方案 S4	3. 0677	2	1. 9755	5	2. 6916	7	2. 8558	8	2. 7501	7
方案 S5	3. 0679	5	1. 9754	4	2. 6916	7	2. 8559	9	2. 7506	8
方案 S6	3. 06785	4	1. 9254	3	2. 6343	3	2. 8554	4	2. 7322	3
方案 S7	3. 0678	3	1. 8445	2	2. 582	2	2. 8555	5	2. 7114	2
方案 S8	3. 0673	1	1. 7574	1	2. 5281	1	2. 8556	6	2. 69	1
方案 S9	3. 0681	7	1. 9757	7	2. 6343	3	2. 8552	2	2. 7401	4

表 7-39　可变模糊评价方法评价结果

方案	灌区生态环境		灌区现代化水平		灌区农业生产效益		灌区可持续发展		灌区生态健康状况	
	评级值	排序	评级值	排序	评级值	排序	评级值	排序	评级值	排序
方案 J0	3.1118	10	2.3382	10	3.1019	10	3.143	10	3.111	10
方案 S1	2.8997	8	2.2173	6	3.0408	6	3.1119	7	2.9939	6
方案 S2	2.8981	6	2.2173	6	3.0094	5	3.1121	9	2.986	3
方案 S3	2.9009	9	2.2123	9	3.0467	7	3.109	3	3.0061	7
方案 S4	2.8897	2	2.2095	2	3.0467	7	3.1076	2	3.0071	8
方案 S5	2.8942	5	2.2065	5	3.0467	7	3.1062	1	3.0099	9
方案 S6	2.8937	4	2.0557	4	2.9978	3	3.1098	6	2.9922	5
方案 S7	2.8916	3	2.0493	3	2.9491	2	3.1094	5	2.9846	2
方案 S8	2.8829	1	2.0341	1	2.8978	1	3.1091	4	2.9755	1
方案 S9	2.8991	7	2.2173	6	2.9978	3	3.112	8	2.9873	4

2. 组合评价方法评价结果

表 7-40 给出了不同节水方案下贺兰县灌区生态健康组合评价结果。不同节水方案对灌区生态健康影响不同。

表 7-40　四个一级指标及灌区生态健康状况的组合评价结果

方案	灌区生态环境		灌区现代化水平		灌区农业生产效益		灌区可持续发展		灌区生态健康状况	
	评级值	排序	评级值	排序	评级值	排序	评级值	排序	评级值	排序
方案 J0	0	10	0	10	0.000	10	0.0427	10	0	10
方案 S1	0.868	8	0.529	7	0.614	6	0.887	3	0.816	8
方案 S2	0.877	6	0.529	7	0.703	5	0.952	1	0.856	3
方案 S3	0.859	9	0.616	6	0.597	7	0.753	7	0.790	9
方案 S4	0.936	2	0.676	5	0.597	7	0.734	8	0.847	6
方案 S5	0.901	5	0.727	3	0.597	7	0.720	9	0.822	7
方案 S6	0.907	4	0.706	4	0.735	3	0.779	4	0.848	5
方案 S7	0.924	3	0.787	2	0.865	2	0.768	5	0.901	2
方案 S8	1.000	1	0.880	1	1.000	1	0.758	6	0.980	1
方案 S9	0.870	7	0.529	7	0.735	3	0.918	2	0.849	4

1）灌区生态环境

（1）基准年排名第 10，灌区生态环境最差。

（2）“渠系水利用系数提高至 0.66”情景（方案 S8）排名第 1，灌区生态环境最优。

（3）水稻压减越大、渠系水利用系数越高，灌区生态环境越健康；随着扬黄灌区和引黄灌区高效节灌面积比例的增大，灌区生态环境并非更为健康，而是扬黄灌区 80%、引黄灌区 35%（方案 S4）时，相较于其他两种情景更为健康。

（4）渠系水利用系数的提高最有助于提高灌区生态环境的健康程度，其次为扬黄灌区和引黄灌区高效节灌面积比例的增大，最后为水稻压减和水稻控制灌溉。

2）灌区现代化水平

（1）基准年排名第 10，灌区现代化水平最低。

（2）“渠系水利用系数提高至 0.66”情景（方案 S8）排名第 1，灌区现代化水平最高。

（3）水稻压减不会改善灌区现代化水平；扬黄灌区和引黄灌区高效节灌面积比例越大、渠系水利用系数越高，灌区现代化水平越高。

（4）渠系水利用系数的提高最有助于提高灌区现代化水平的健康程度，其次为扬黄灌区和引黄灌区高效节灌面积比例的增大，最后为水稻压减和水稻控制灌溉。

3）灌区农业生产效益

（1）基准年排名第 10，灌区农业生产效益最差。

（2）“渠系水利用系数提高至 0.66”情景（方案 S8）排名第 1，灌区农业生产效益最优。

（3）扬黄灌区和引黄灌区高效节灌面积比例的变化不会影响灌区农业生产效益；水稻压减越大、渠系水利用系数越高，灌区农业生产效益的健康水平越高。

（4）渠系水利用系数提高最有助于提高灌区农业生产效益的健康程度，其次为水稻控制灌溉，再次为水稻压减，最后为扬黄灌区和引黄灌区高效节灌面积比例的增大。

4）灌区可持续发展

（1）基准年排名第 10，灌区可持续发展水平最低。

（2）“水稻压减 75%”情景（方案 S2）排名第 1，灌区可持续发展水平最高。

（3）水稻压减越大、扬黄灌区和引黄灌区高效节灌面积比例越小、渠系水利用系数越小，灌区可持续发展的健康水平越高。

（4）水稻压减最有助于提高灌区可持续发展的健康程度，其次为水稻控制灌溉，再次为渠系水利用系数，最后为扬黄灌区和引黄灌区高效节灌面积比例。

综上所述，对于灌区整体生态健康状况而言，基准年情景为最劣情景；在其他条件不变的情境下，渠系水利用系数提高情景和压减水稻 75%、剩余水稻控灌情景居于前 5，其中渠系水利用系数提高到 0.64～0.66 情景居于前列，表明提高渠系水利用系数是改善灌区生态健康状况最有效的方式。另外，综合灌区生态环境、灌区现代化水平、灌区农业生产效益与灌区可持续发展四个一级指标发现，渠系水利用系数维持在 0.64 较 0.66 有利于可持续利用。

第 8 章　灌区健康监测网络设计

8.1　示范区概况

贺兰县地处青铜峡灌区的中部，是贺兰山地、山前洪积平原、黄河近代冲积平原及其他风沙地形成的农业大县。土壤类型多样，农作物以高耗水水稻、蔬菜以及传统的玉米、小麦为主，集中分布于贺兰山东部平原区。在长期引黄河水灌溉的农业发展中，水资源短缺和用水浪费的问题并存，随之引发了一系列生态环境问题，南部靠近银川区域地下水位持续下降，北部灌溉区盐渍化。据统计，全县耕地面积的49%为盐渍土。

针对区域及灌区发展特点及面临的问题，为落实现代化生态灌区健康评价指标体系和监测网络模式中涉及的水情、土情、工情以及灌区基本情况监控模式，按照项目总体规划，在42个示范片（区）范围内选择合适的区域（约500亩）构建监测网络系统，具体包括两部分：①野外监测实体网络；②网络监测系统。

8.2　野外监测实体网络

8.2.1　野外监测站点的布设

根据土壤质地、种植结构、灌排水建设及盐渍化等情况，在尽可能体现灌区水土种植结构特点的基础上，按照点面结合的方式进行示范区野外监测点布设，以形成网络监测感知层。其中感知层面，按照长期稳定或者更新周期较长的基础信息和更新频次较高且可能包含历史系列的信息进行分别监测布置。

在面上，对42个示范区，从盐渍化、种植结构和灌溉情势等方面进行系统分析，选择具有代表性的16个典型片区进行土壤机械组成、有机质和全盐量的监测，构成生态灌区土情感知。

重点区域：在16个面上点位取样分析的基础上，兼顾相关研究水土情信息监测点位的布设，按照500亩示范区控制范围，选择布置6个重点监测区域，设置实时监测点6处，开展土壤墒情、地下水位、土壤盐分等补充性监测和有关水位、流量等信息监测。

具体位置：分别位于常信乡唐徕渠灌区控制范围内支渠卫子渠以南、宋道渠以北的蔬菜、小麦、水稻和玉米（水稻轮作）种植区，以及于祥村和月牙湖的水稻种植区。

说明：监测点所在农田均为农民自助耕作及灌溉，不受研究人员控制，以最大限度地反映灌区的实际情况。

8.2.2 监测设备与信息获取

结合评价指标变化的不同频度，按照监测网络模式研究中不同数据的获取形式，重点对人工填报数据、实时监测信息进行取样和监测设备安装。

1）人工填报数据的获取

人工填报数据主要为灌区长期维持稳定或者更新周期较长的土情信息和灌区基本概况数据。

土情信息：主要包括土壤的机械组成、有机质、盐分含量。取样以传统的环刀、铝盒取土，采用烘干法获得，同时手持土壤水分湿度仪进行相关信息的监测和相互校验。其中土壤取样：按照0～1m土层每隔20cm取一个样；每个取样点重复3次。在测定方面，按照农业行业标准《土壤检测 第3部分：土壤机械组成的测定》（NY/T 1121.3—2006）规范，开展土壤机械组成、有机质和盐分分析。

2）实时监测信息的获取

实时监测信息包括土壤含水量、盐分、地下水位等监测信息。

土壤含水量监测：采用新乡灌溉所组装的自动土壤墒情探测仪（J-TR），针对0～1.5m深的土层，分别在0～10cm、10～30cm、30～60cm、60～100cm以及100～150cm土层布置土壤湿度计，按照一天5次进行数据传输监测。同时，经过现场取样，采用实验室烘干法计算土壤含水量与校验修正监测点数据。

土壤盐分监测：重点针对盐渍化问题较为严重的水稻改种玉米地开展，按照土壤水分监测分层监测。

地下水位监测：重点选择3个地下监测井，采用德国Gems压力传感器，按照需求设定每天上传数据，获得地下水埋深。

实时监测点情况说明见表8-1。

表8-1 实时监测点情况说明

重点监测点	监测内容	设备编号	经度	纬度	种植结构
于祥村监测点	土壤湿度	土壤水分47号	106.28506	38.674756	玉米
	地下水位	地下水36号	106.285260	38.674158	
	闸门流量	测控一体化闸门01号和02号	106.284748	38.673892	

续表

重点监测点	监测内容	设备编号	经度	纬度	种植结构
蔬菜监测点	土壤湿度	土壤水分 01 号	106.338 260	38.592 955	蔬菜
	地下水位	地下水 28 号	106.337 823	38.591 191	
小麦蔬菜轮作监测点	土壤湿度	土壤水分 02 号	106.358 747	38.613 800	小麦-蔬菜
大田玉米监测点	土壤湿度	土壤水分 03 号	106.381 028	38.653 059	玉米
水稻改种玉米监测点	土壤湿度	土壤水分 04 号	106.341 514	38.625 811	玉米
	土壤盐分、pH	土壤盐分 01 号	106.341 573	38.625 789	
月牙湖监测点	土壤湿度	土壤水分 48 号	106.571 645	38.586 822	水稻、玉米
	地下水位	地下水 35 号	106.573 47	38.588 13	
	闸门流量	测控一体化闸门 03 号	106.575 06	38.587 466	
	节水灌溉用水量	自动化灌溉控制泵房	106.570 95	38.587 735	
	气象要素	气象站 01 号	106.570 746	38.587 449	

8.3 监测感知网络系统构建

按照贺兰县水资源利用和现状管理结构形式，结合河（渠）长制，进行水土工情监测网络数据平台的构建。在示范区监测网络数据平台的设计中，遵循系统平台建设的原则，采用面向对象软件开发方法结合发布订阅模式构建，具体包括数据库设计、数据传输层和基础平台三部分。

8.3.1 数据库设计

数据库是网络平台的核心部分之一。严格遵循标准的数据库设计原则和步骤，能有效地提高开发进度和效率。在数据库设计过程中，在充分了解软件需求的情况下，基于一定的软硬件环境，选择 MySQL 的数据库管理系，采用“数据仓库”技术进行数据库结构的设计。

1. 数据库表结构的设计

数据库表结构的设计内容包括中文表名、表主题、表标识和表体以及字段描述。其中，中文表名是每个表结构的中文名称。中文表名使用简明扼要的文字表达该表所描述的内容。表主题用来进一步描述该表结构所描述内容及其目的和意义。表标识一般是中文表名的英文翻译的缩写，或者对应的汉语拼音组合，用于数据库的表名。表体以表格的形式列出表中的每个字段以及每个字段的中文名称、标识符、数据类型、阈值及说明。

2. 数据库编码设计

编码设计是建立系统的一项重要的基础工作。编码设计的目的是遵循规范化、标准化的原则，满足唯一性的要求，使计算机能够更有效、更方便地识别和处理信息。为此，在具体编码过程中，针对数据库对象不同，按照统一的规则进行设计。在具体表示过程中区分为数据库表标识编码、基础数据库编码；同时采用数据字典的方式描述灌区基础数据库中字段名和标识符之间的对应关系以及字段的意思。

数据库表标识的编码，按照如下规则设计命名，即系统的类别名、基础数据库类别名、表标识。表标识的编码格式具体如下：IrrB［X［Y…］］［Z…］。其中，IrrB 为类型标识，用来描述灌区基础数据库系统标识。X 为分类标识，用大写的字母 A～Z 表示，用来描述数据库可分类，按照取水-输水-配水-排水环节，用一位大写字母表示，分别为 F、T、A、D，通用代码为 C，用水户系统为 U，空间基础数据为 G。Y 为表标识，用大写的字母 A～Z 表示，用来描述数据库具体表的英文名，采用中文表名的对应英文或者汉语拼音组合。Z 为表标识，用大写的字母 A～Z 表示，用来描述数据库具体表的子英文名。例如：IrrBFStructe_ Dam，表示为灌区取水建筑物——坝的信息。

灌区基础数据库涉及诸多实体，为便于信息共享、交换以及数据库管理，对灌区基础信息中涉及的主要实体分别按等级进行编码设计，即基础数据库编码。主要包括行政区编码、灌区编码、河流编码、水源地-水库编码、灌区水源-水闸编码、灌区取水口编码、灌区渠（沟）编码、灌区监测站点编码（或者是重要节点编码）、灌区用水单元编码等。

3. 实时数据表结构设计

1）表的功能

实时数据主要指灌区内反映水资源利用情况的水情、土情、工情等方面的实时数据，不仅包括当前实时传输的数据，也包括相关信息的历史数据。通过对这些数据的分析可以了解灌区当前水资源利用情况并为决策提供支持。

2）表的结构

实时数据表包括实时测站基本信息表、实时数据表和历史数据表。

（1）测站基本信息表。

测站基本信息包括测站编号（用于唯一标识测站）、测站类型（用于标识测站监测的是何种数据）、安装位置（经纬度）、所属水利设施（对于土情测站来说标识所属灌域）、测站数据源（数据源访问链接）、测站数据解析方式（从获取的基本信息中获取数据的方式)。

(2) 实时数据表。

实时数据表统一保存所有测站实时数据。字段包括数据编号、测站编号、测量时间、数据名称、数据测量值。

(3) 历史数据表。

历史数据表统一保存所有测站历史数据，其字段与实时数据表相同，其数据是在固定时段后转存的实时数据表中的数据。

3) 实时数据的处理和存储

实时数据需要结合测站基本信息表处理和存储。本次采用测站基本信息表中的数据源和数据解析方式两个字段用于对测站数据进行统一的规范化处理，两个字段的存储内容均为字符串化处理后的 JSON 数据对象，进行实时数据需要结合测站基本信息表处理和存储。

数据源字段所包含的对象具有下列属性：url，提供获取当前测站（传感器）数据需使用的协议和地址、端口等。params，以对象数组形式保存获取数据所需提供的参数名称和参数值。

数据解析方式字段中内容可解析为一个对象数组，每个元素包含如下属性：field-name，数据源返回的数据名称。item-name，向实时数据表中保存数据使用的数据指标名称。operation，以字符串形式给出的数据处理公式。

以上处理过程，具体到数据获取逻辑，是首先根据测站（传感器）编号查询其数据来源，然后调用测站基本信息表的数据源字段的 url 属性规定的网络协议模块，最后根据 url 地址和参数获取数据。当数据到达本地后进行初步解析，取出数据解析字段中 field-name 所指定的数据，使用 Node. js 的 Function 构造函数利用 operation 中的定义的操作构造处理函数对数据进行处理，并将结果保存到实时数据表中，其中，解析出的 item-name 保存到实时数据表的数据名称字段，计算结果保存到数据值字段，当前系统时间保存到测量时间字段。

该方式可整合历史遗留数据和现有数据，而且能够有效兼容今后引入的各类测站和仪器数据。

8.3.2 数据传输层

数据传输层是支撑基本感知数据的通信网络传输系统，是通过互联网、无线网、卫星传输网和数据交换网等多网融合衔接，实现灌区水土资源、生态环境及社会经济“一张网”的基础。其建设的内容是通过不同层级网络的有机衔接，形成专网、公网和移动互联网三网融合的灌区通信网络传输体系。

综合考虑数据监测传感器来源的不同和所采用的数据服务协议的差异，本研究采用较多的有 MQTT 协议 V3. 1. 1 版本和 HTTP 协议。

8. 3. 3 基础平台

基础平台提供系统运行的环境，同时，还提供信息交换及相应的控制服务。基础平台由系统运行环境、数据库、信息交互平台三部分组成。在本次示范中，采用土壤、地下水和水位流量等不同类型的传感器的支撑，基于云服务器（华为云 ECS 服务器）和以下软件环境开发的系统平台界面。

1. 开发环境

操作系统：Windows 10。
数据库：MySQL。
系统运行时：Node. js 14. 12。
开发工具：VS Code。

2. 运行环境

客户端软件配置：微软 Windows 10 或更高版本，Chrome、FireFox、Edge 等主流浏览器。

服务器软件配置：Windows Server 2012 R2。

数据库：MySQL。

综合以上监测网络系统，可实现水情、土情、工情信息的实时感知及过程跟踪，为现代化生态灌区健康发展提供支撑。

第9章 主要结论与建议

灌区是灌溉农业集中发展的区域，是山水林田湖草沙的有机组成构成，作为衔接水土资源、生态环境与社会经济大系统的中间环节，既包括宏观层面的水土资源的均衡配置，也涉及水土资源开发过程中的监测反馈调控，宏观—中观—实践的相互反馈调控是现代化生态灌区健康发展的根本。本书所提出的现代化生态灌区健康评价理论方法与实践应用成果是基于现代化灌区生态健康发展理念，实现灌区水-土-粮食-生态全过程管理的尝试，以期为现代化灌区和区域生态文明建设起到添砖加瓦的作用。在本研究中，通过对现代化生态灌区健康发展机理与本质的认识，构建现代化生态灌区健康评价理论并应用到水土资源矛盾较为突出的宁夏，取得了如下研究成果。

9.1 主要结论

9.1.1 理论方法层面

1）诠释现代化生态灌区内涵

本研究在全面阐述灌区生态系统在山水林田湖草沙等生态系统作用和功能的基础上，围绕灌区发展中的两大刚性约束因素水土资源，分析“自然-社会”二元驱动力作用下可能的演变及其伴生的生态环境的可能变化，综合可持续理论、生态经济学理论、景观生态学理论和现代化发展理念，诠释了新时期现代化生态灌区的内涵。

2）宏观层面，提出灌区水土资源均衡配置理论方法

基于对新时期现代化生态灌区内涵的认识，围绕水、土资源开发过程中水循环及其伴生过程的生态环境要素的协调健康发展这一现代化生态灌区的核心，构建了基于用水总量和合理地下水位约束的水土资源均衡配置模型。该模型在需水和配置中，提出采用地下水位修正的灌溉需水量计算，可实现区域用水的“真实”总量控制，对双总量管控的灌区精准配水和避免地下水超采和土壤盐渍化的生态环境保护具有重要作用；其中立足区域农业水土资源时空分布特点和河（湖）长制的管理要求，水土资源均衡配置模型可使土地资源在时空间协调分配，保障水土资源支撑下的经济社会和生态环境系统的均衡协调度的理论技术方法具有灌区共性和普遍性，对其他流域或地区生态灌区建设具有极大的借鉴作用。

为支撑现代化生态灌区健康运行，实现对水土资源的均衡配置方案的合理预判，本研究在梳理国内外灌区健康评价指标的基础上，综合我国灌区水土资源开发利用特点和面临问题，从灌区生态环境、灌区现代化水平、灌区农业生产效益、灌区可持续发展四个方面构建现代化生态灌区健康评价指标体系，并综合国家和地方的要求，确定生态灌区健康评价指标标准特征值。

3）中观层面，提出基于大数据云计算的现代化生态灌区监测网络模式和智能决策支持系统框架

围绕现代化生态灌区健康评价指标的感知和分析，按照灌区“一张图”的管理调控模式，结合生态灌区建设的需求，全面分析监测网络模式的定位和总体框架，提出以信息感知层、数据传输层、数据管理层三个层面为核心的基于大数据云计算的现代化生态灌区健康技术指标的监测网络建设模式。在此基础上，综合均衡配置方案的决策反馈，提出智能决策支撑系统框架。

本研究构建的现代化生态灌区健康评价指标监测网络模式和智能决策支持系统框架，围绕水循环过程、水土资源匹配及伴生的生态环境等监测反馈应用模式，对灌区现代化智能管理和现代化生态灌区发展具有重要借鉴与支撑作用。

9.1.2 实践层面

1）贺兰县灌区水土资源均衡配置方案比选

以贺兰县为典型区，基于河长制的管理模式，将灌区分为 20 个用水单元，结合灌区盐渍化和生态退化的约束要素——地下水位，构建了用水总量和地下水位双控下的贺兰灌区农业水土资源均衡配置模型；综合宁夏可能的工程措施和非工程措施，设置不同情景(36 个情景)，完成了对灌区水土资源多维配置方案的调算与分析，形成了贺兰县灌区水土资源空间均衡优化技术方案。通过对研究区现代化生态灌区健康评价指标体系的定量分析，提出未来保障现代化灌区生态良性发展中水土资源开发应关注的重点方向。

单一节水措施：按照综合缺水率相对小和地下水位控制在合理范围的原则，节水措施优先序为：水稻面积的75%退减为玉米、水稻控灌、发展高效节灌面积（扬黄90%，引黄40%）、灌溉水利用系数维持在0.64～0.66。综合灌区生态环境、灌区现代化水平、灌区农业生产效益与灌区可持续发展四个一级指标发现，灌溉水利用系数维持在0.64有利于灌区可持续发展。

综合节水措施：由于不同措施的相互作用，按照提高灌溉水有效率、减少耗水的原则，实施水稻压减和高效节水灌溉面积发展、渠系水利用系数应该控制在0.62～0.64，可保障灌区的缺水相对较少且地下水生态环境相对良好。

2）初步构建了项目区典型试验区的监测网络模式

根据土壤质地、种植结构、灌排水工程建设以及盐渍化等特点选择典型示范区，综合相关监测系统，按照监测对象的不同，具体设置水情感知监测体系、土情感知监测体系、工情感知监测体系等，构建了野外监测网络和网络监测系统的现代化生态灌区健康评价指标体系监测网络系统框架，为现代化生态灌区健康发展跟踪提供支撑。

9.2 建　　议

现代化生态灌区是新时代灌区发展的方向，本研究处于实践探索阶段，相关的健康评价指标体系集中于研究层面，可能存在实际操作获取难度较大、指标偏多等问题，在实践中需进一步结合灌区特点针对性完善。同时，考虑在实践中现代化灌区水土资源均衡配置与健康评价数据涉及范围广、类型多、获取难度大的特点，建议立足灌区生态系统，融合集成跨行业、跨部门数据；结合先进的信息网络技术，加大灌区生态状况、现代化水平以及智能化监测。

本研究中相关监测网络模式与决策支撑系统更多地处于模式的研究中，相关的实例范围也比较小，难以充分体现出大中型灌区的特点。随着数字孪生灌区的建设，决策支撑迫切需要深入开展。建议扩展研究模式与灌区发展实际相结合，从根本上修正、完善监测网络模式，开展水土资源均衡配置与生态评估，实现决策支撑的实践应用。

参考文献

陈守煜 . 1993. 论相对隶属度［J］. 大自然探索，(2)：25-27.

代俊峰，崔远来 . 2008. 灌溉水文学及其研究进展［J］. 水科学进展，(2)：294-300.

顾斌杰，王超，王沛芳 . 2005. 生态型灌区理念及构建措施初探［J］. 中国农村水利水电，(12)：7-9.

国土资源部 . 2012. 全国耕地质量等级调查与评定［R］.

韩振中 . 2021. 新时期大中型灌区高质量发展策略［J］. 中国水利，(17)：14-17.

胡艳玲，齐学斌，黄仲冬，等 . 2015. 基于补排平衡法的井渠结合灌区机井数量研究［J］. 灌溉排水学报，34（8）：17-21.

姜开鹏 . 2004. 建设生态灌区的思考——用生态文明观，拓展思路，促进灌区可持续发展［J］. 中国农村水利水电，(2)：4-10.

康绍忠 . 2020. 加快推进灌区现代化改造 补齐国家粮食安全短板［J］. 中国水利，(9)：1-5.

李国英 . 2022. 加快建设数字孪生流域提升国家水安全保障能力［J］. 水利建设与管理，(9)：1-2.

李佩成 . 2011. 论建设生态文明灌区［J］. 中国水利，(6)：67-68.

郦建强，王建生，颜勇 . 2011. 我国水资源安全现状与主要存在问题分析［J］. 中国水利，(23)：42-51.

刘静玲，杨志峰 . 2004. 湖泊生态环境需水量计算方法研究［J］. 自然资源学报，(5)：604-609.

刘莉 . 2008. 大型灌区节水改造项目生态环境效应后评价研究［D］. 南京：河海大学 .

陆大道 . 2003. 中国区域发展的理论与实践［M］. 北京：科学出版社 .

茆智 . 2006. 新世纪我国灌区发展方向及相应工作目标与重点的调整［C］. 北京：2006 中国水博览会 .

潘宜，佀小伟，金苗，等 . 2010. 城市化进程中水土资源系统耦合配置研究［J］. 水土保持通报，30（5）：216-220.

彭世彰，纪仁婧，杨士红，等 . 2014. 节水型生态灌区建设与展望［J］. 水利水电科技进展，34（1）：1-7.

阮本清，韩宇平，蒋任飞，等 . 2009. 生态脆弱地区适宜节水强度研究［J］. 水利学报，39（7）：809-814.

闰慧，张涛，李德春，等 . 2006. 吉林省农安县生态示范区评价指标体系和可持续发展度研究［J］. 吉林大学学报，(36)：95-99.

邵青 . 2014. 资源配置视角下经济社会协调发展：政策绩效、仿真模拟及政策优化［D］. 杭州：浙江大学 .

石玉林，唐华俊，王浩，等 . 2018. 中国农业资源环境若干战略问题研究［J］. 中国工程院院刊，(5)：1-8.

宋兰兰，陆桂华，刘凌，等 . 2006. 区域生态系统健康评价指标体系构架［J］. 水科学进展，（17)：116-121.

宋素兰 . 2007. 大兴北野厂灌区生态环境系统需水及健康评价研究［D］. 北京：中国农业大学 .

孙宪春，金晓媚，万力，等 . 2008. 地下水对银川平原植被生长的影响［J］. 现代地质，22（2）：321-324.

王超，王沛芳，侯俊，等 . 2015. 生态节水型灌区建设的主要内容与关键技术［J］. 水资源保护，31（6）：1-7.

王浩，汪林 . 2004. 水资源配置理论与方法探讨［J］. 水利规划与设计，（S1）：50-56.

王浩，汪林 . 2018. 中国农业水资源高效利用若干问题研究・农业高效用水卷［M］. 北京：中国农业出版社 .

王维 . 2015. 生态灌区综合评价指标体系与评价方法研究［D］. 杭州：浙江大学 .

王学全，高前兆，卢琦，等 . 2006. 内蒙古河套灌区水盐平衡与干排水脱盐分析［J］. 地力科学，26（4）：455-460.

杨贵羽，汪林，王浩 . 2010. 基于水土资源状况的中国粮食安全思考［J］. 农业工程学报，26（12）：1-5.

杨柳，汪妮，解建仓，等 . 2015. 基于多源信息融合决策的灌区生态环境评价指标优选［J］. 农业工程学报，31（14）：225-231.

杨培岭，李云开，曾向辉，2009. 等生态灌区建设的理论基础及其支撑技术体系研［J］. 中国水利，（14）：32-35.

翟浩辉 . 2007. 以科学发展观为指导 着力推进现代水利建设［J］. 水利发展研究，（2）：4-9.

张泽中，徐建新，齐青青，等 . 2010. 现代节水高效农业与生态灌区建设［M］. 全国农业水土工程学术研讨会论文集 . 昆明：云南大学出版社 .

张占庞，韩熙 . 2009. 生态灌区基本内涵及评价指标体系评价方法研究［J］. 安徽农业科学，37（18）：8621-8623.

Abernethy C L. 1998. Performance criteria for irrigation system［C］. University of Southampton, Southampton: The International Conference on Irrigation Theory and Practice.

Bandaragoda D J. 1998. Need for institutional impact assessment in planning irrigation system modernization［R］. International Water Management Institute Research Report, 1998.

Barbier E B. 1994. Valuing environmental functions: Tropical wetlands［J］. Land Economics, 70: 155-173.

Bos M G. 1997. Performance indicators for irrigation and drainage［J］. Irrigation & Drainage Systems, 11: 119-137.

Bottrall A F, Mundial B. 1981. Comparative study of the management and organization of irrigation projects［R］. Washington DC. : World Bank.

Browkers A. 1990. Restoration and enhancement of engineering river channels: some European experience［J］. Regulated River: Research and Management,（5）: 45-56.

Costanza R. 1991. The Science and Management of Sustaianbility［M］. New York: Columbia University Press.

Costanza R, Mageau M, Norton B, et al. 1998. What is sustainability?［M］//Rapport D, Costanza R, Epstein P R, et al. Ecosystem Health. Malden, MA: Blackwell Science, Inc.

Food and Agriculutral Organiztion of the United Nations（FAO）. 1998. Modernization of irrigation system operations [C] . Aurangabad: The 5th IT IS Network International Meeting.

Loo C. 2011. Ecosystem Health Reconsidered [D] . Cincinnati: University of Cincinnati.

Malano H, Burton M. 2001. Guidelines for benchmarking performance in the irrigation and drainage sector [R]. Rome: IPTRID Secretariat, Food and Agriculture Organization of the United Nations.

Mirjalili S, Lewis A. 2016. The whale optimization algorithm [J] . Advances in Engineering Software, 95: 51-67.

Molden D J, Sakthivadivel R, Perry C J, et al. 1998. Indicators for Comparing Performance of Irrigated Agricultural Systems [R] . Colombo: IWMI, Sri Lanka.

Murray Rust D H, Snellen W B. 1993. Irrigation system performance assessment and diagnosis [R] . Colombo, Sri Lanka: International Irrigation Management Institute.

Odum H T, Odum E P. 2000. The energetic basic ofr valuation of ecosystem services [J] . Ecosystem, 3: 23-23.

Renault D, Makin I W. 1999. Modernizing Irrigation Operations: Spatially Differenced Resources Allocations [M]. Colombo: International Water Management Institute.

Saaty T L. 1990. How to make a decision—The analytic hierarchy process [J] . European Journal of Operational Research Societies, 48, 9-26.

Shuoyang L I, Guiyu Y, Na D, et al. 2018. Spatial and temporal distribution characteristics of the humid index in North China Plain [J] . MATEC web of conferences, 246: 1078.

World Bank. 1998. Modernization of irrigation system: the role of the World Bank and new opportunities [C] . Aurangabad: The 5th IT IS Network International Meeting.

Zadeh L A. 1965. Fuzzy sets [J] . Information and Control, 8 (3): 338-353.